经营企业与经营人生

济　群／著

中国出版集团
中 译 出 版 社

图书在版编目(CIP)数据

经营企业与经营人生 / 济群著. —北京：中译出版社，2022.1（2022.2 重印）

ISBN 978-7-5001-6855-3

Ⅰ.①经… Ⅱ.①济… Ⅲ.①成功心理—通俗读物 Ⅳ.①B848.4-49

中国版本图书馆 CIP 数据核字（2021）第 262781 号

出版发行　中译出版社
地　　址　北京市西城区新街口外大街 28 号普天德胜科技园主楼 4 层
电　　话　(010) 68005858，68358224（编辑部）
邮　　编　100044
传　　真　(010) 68357870
电子邮箱　book@ctph.com.cn
网　　址　http://www.ctph.com.cn

策划编辑　范　伟
责任编辑　张若琳　范　伟
封面设计　潘　峰
排　　版　北京竹页文化传媒有限公司
印　　刷　北京顶佳世纪印刷有限公司
经　　销　新华书店

规　　格　710mm×1000mm　1/16
印　　张　18.5
字　　数　200千字
版　　次　2022年1月第一版
印　　次　2022年2月第三次

ISBN 978-7-5001-6855-3　定价：45.00元

序

企业家是当今社会不容忽视的一个群体，其数量之多、从事行业之广，在中国历史上是前所未有的。尤其在鼓励自主创业的大环境下，这个群体还将不断增长。在做企业的过程中，人们最先关注的往往是事业、财富、地位、名望，以及功成名就后的享乐，却忽略了最为根本的人生问题。在很多人心目中，企业成功就等于人生成功，只要全力以赴抓住机遇，把企业做大做强，自然就是人生赢家。

是不是这样呢？如果不是，那么什么是人生的成功？

打开这本书，听作者娓娓道来。如果你有听过现场讲座，那么更要祝福你。与书中的世界再相逢的幸福感，有如盛夏之遇清风，身心轻安，仿佛法会还没散场。

本书内容丰富多彩，分为十余个部分，讲到传承文化与做人做事、关于成功的思考、企业家的现实价值与终极价值等。做企业的最终意义是什么？怎么获得人生幸福？怎么权衡利益和道德、世间和出世间的关系？怎么带着智慧做人做事？怎么使自利和利他统一起来，让企业发展，让人生成功？

中国有自身的文化传统，就像健康而发达的根系，可以为商业文明输送真正的养分。近年来出现的儒商、佛商、道商，都是希望依托东方文化建构价值观，在此基础上学会做人和经营企业。

诚如文中所说，企业生产优质产品，必须了解标准，依此落实。如果不清楚标准，或标准很低，是无法提高质量的。人生也是同样，只有认识生命的终极价值，了解成功的最高标准，付出的努力才能导向这个目标。作为企业家，我们应该在传统文化中吸取养分，以长远的眼光规划人生，才能实现真正的成功。

读书，容易把心静下来，认认真真地思考。同样，做企业也需要这种专注的精神。然而在通信便捷的今天，人们时时处在各种资讯的轰炸中，变得难以专注。因为散乱，就会在不知不觉中被控制、被干扰。因为心静不下来，思维就会迟钝，工作效率和创造力因此受到影响。

本书也有关于禅修的指导——通过对专注的训练，让我们把心带回当下。每天虽然面对很多事，但每个当下只想一件事，只做一件事，就不会妄念纷飞，使能量被各种碎片消耗殆尽。

打开这本书，好似与作者交谈、与自己交谈，丰盈了心神，寻找到了本真。学会带着正念做每件事，专注、了了明知，就能在前行途中走好每一步。

现在社会变革、技术发展非常之快，新的知识、新的理论、新的技术都需要我们借助书本进行学习，很多东西都要从一些新的书籍中学。所谓好书，就像这一本，能令你心头一震、眼前一亮，它一定是回答了你心中最疑惑的问题，让你如获至宝，读起来爱不释手，读完后还要珍藏起来。

读这本书，会感到内在奔腾着喜悦的河流。书里的文字充满了人生哲理，散发着智慧的光芒。读着读着，内心也变得空灵起来。岁月深处，花繁柳密，使人眼花缭乱；世路纵横，蹊径崎岖，令人心绪不宁。唯有至善之心，如林间的呦呦鹿鸣，泠泠泉音。

万壑松声山雨过，一川花气水风生。让我们怀着诚敬的心情，恭读这本书吧。每个人内心都有一盏智慧明灯，当这盏灯被点亮时，就能回归清净心，开启生命本具的无尽宝藏。

静好

2021年11月

目录

CONTENTS

企业与人生

经营企业

与

经营人生

企业家是当今中国社会不容忽视的一个群体，其数量之多，从事行业之广，在中国历史上是前所未有的。尤其在鼓励自主创业的大环境下，这个群体还将不断增长。除了促进经济发展，企业家们也比普通大众承担了更多的社会责任。因为每个企业都有员工、客户、同行，有些还要直接面对消费者。众多的社会关系，使他们的所思所想和所作所为不仅关系到个人，还不同程度地影响到相关人员，乃至各行各业。在某种意义上，他们甚至代表了当代的价值风向标。所以说，企业家能否树立正确的人生观尤为重要，也就是现在常说的能力越大，责任越大。

在做企业的过程中，我们是让人生得到提升，还是带来种种问题？今天的不少企业家是改革开放后迅速成长起来的，在近几十年的经济巨变中，人们先关注的往往是事业、财富、地位、名望，以及功成名就后的享乐，却忽略了最为根本的人生问题。

在很多人心目中，企业成功就等于人生成功，只要全力以赴抓住机遇，把企业做大做强，自然就是人生赢家。是不是这样呢？企业的成功有很多具体指标，这点大家比我更清楚。那什么是人生的成功？

曾听不少企业家说，他们创业的初衷只是让自己和家人过得更好，或实现某种抱负，以为这样就能获得幸福，彰显自我价值。可在企业发展、生活改善之后，在暂时的满足和喜悦之后，幸福并没有如期而至，反而有了过去想象不到的压力、烦恼、困惑，甚至心理疾病。据有关资料表明，在日渐增长的抑郁症患者中，家财万贯的企业家不在少数。

为什么会这样？作为企业家，怎样才能获得人生幸福？这就涉及几个问题。首先，如果企业成功不等于人生幸福，这种成功的意义是什么？其次，在做企业的过程中会面临道德和利益的冲突，利益得失就在眼前，而道德的价值未必立刻显现，如何抉择？违背道德又有什么后果？最后，现代人普遍活得很累，而企业家背负更多责任，怎样在重重压力下拥有超然的心态？今天，我想从佛法角度谈谈这些问题。

传承文化与做人做事

现代企业源自西方，他们是怎么看待并解决这些问题的呢？在马克斯·韦伯的《新教伦理与资本主义精神》中，阐述了新教伦理对资本主义发展的影响，在于价值观和道德观的建构。对没有宗教信仰和终极价值观的人来说，工作就是工作，只有现实利益。而在新教伦理中，把努力工作视为实现终极价值的过程，以此荣耀上帝，所以是美德的体现。

自古以来，宗教就是道德建立的基石之一。没有这个基石，仅从当下的现实利益，确实不容易看到道德的价值。就像人们常说的：为什么我做了好事没好报？没好报何必去做？此外，一般人赚钱是为了自己和家人，道德却要求我们从利己到利他。而人有自私的天性，对利他通常是无感的，何况是利益一切众生，更与自身习性相违。这就必须认识到利他的意义，否则是不可能落到实处的。

新教伦理之所以能在资本主义发展中起到重要作用，关键就是对终极价值和道德体系的建构。在中国现代化进程中，大量吸收了西方的商业文明，从引进技术到学习管理，关注重点在于怎么把企业做好。但仅仅这样是不完整的。如果把西方商业文明和其立足的终极价值视为一棵树的话，我们拿来的只是属于枝条的部分，还要经过嫁接才能健康成长。

在我们的生命中，有妄心和真心两套系统。前者是凡夫现前的生命状态，是以贪嗔痴为根系的，如果将商业文明与此结合，必然开出恶之花来。这些年，伪劣产品、恶性竞争、偷税漏税等问题被频频曝光，却屡禁不止。其根源就在于，人们只看到现世的短暂意义，结果利欲熏心，为所欲为。

如何使大家自觉守法，诚信经营？必须从做人开始，确立终极价值。这样才能从更高的角度看待利益，做出抉择，而不是唯利是图。关于做人和终极价值的问题，中国有自身的文化传统，就像健康而发达的根系，可以为商业文明输送真正的养分。近年来出现的儒商、佛商、道商，都是希望依托东方文化建构价值观，在此基础上学会做人和经营企业。日本企业家稻盛和夫就在做这样的探讨，并且卓有成效，也引起了国内企业家的关注和效仿。

做企业的最终意义是什么？怎么获得人生幸福？怎么权衡利益和道德、世间和出世间的关系？关于这些问题，佛法的心性论和因果观提供了答案。

每个人都希望成为更好的自己，心性论告诉我们，什么样的生命品质才是最圆满的。可以说，比新教伦理更直接。因为新教伦理的前提是信仰上帝，然后才愿意为荣耀上帝而努力。如果不信上帝，这个目标就不成立了。从佛法角度看，这是“心外求法，与道悬远”。但“成为美好的自己”是每个人共同的愿望，并不仅仅局限于某些人。而因果观让人了解生命的发展规律，我们希望得到什么样的结果，就要在因上做出相应努力。总之，我们所做的一切是基于对自己的负责，并不是为了取悦外在的神。

关于成功的思考

今天的人特别渴望成功，所以社会上流行各种关于成功学的书籍和课程，告诉你怎样才能成功。这些观点看似形形色色，其实都立足于世间名利。而从更高的层面，我们会发现，在不同文化背景下，有着不同的成功观。

1. 三种成功观

一是世间所说的成功，主要在于企业做得多大，资产多少，可以通过福布斯、胡润百富之类的排行榜来衡量。

二是儒家所说的成功，以立德、立功、立言为三不朽的人生，并提出修身、齐家、治国、平天下的做人之道。从提升自身修养，到促进家庭和谐、国家安定，最后使天下太平。其特点在于重视做人的基础，但主要在于这一生。

三是佛教所说的成功，不仅关注今生，更重视生命的未来。佛教认为，今生只是无尽轮回中的一个片段，既是过去的结果，也是未来的起点。这种轮回的本质是痛苦的，只要我们还有迷惑和烦恼，就不可能真正幸福。修行的目的，一是了解轮回原理，二是断除惑业，成就觉醒和解脱。

2. 什么是真成功

在这三种成功观中，世间的成功虽能带来荣耀，满足自我的重要感、优越感、主宰欲，但在今天的激烈竞争中，要维护这种感觉非常辛苦。况且事业是无常的，当我们从生命的角度出发，会看到这种成功不过是暂时的假象而已。不论现在多么风光，当死亡降临，再多的钱，再大的权力和名望，都没有任何帮助。

儒家重视做人，从个人的修身养性，到齐家、治国、平天下。这就要求我们必须自尊自律，成为有德君子，才能追求并实现平天下的理想。相对单纯做事，对成功提出了更高的要求。不足在于，儒家的重点是现世，不太关心终极问题。但要知道，我们只是这个世界的过客而已，几十年后，生命去向何方？怎么使当下所做的一切成为永恒的福祉？

佛教追求的成功，不仅关注当下，还关心过去和未来；不仅关注现世利益，更关心终极价值。通过对心性的认识，引导我们了解生命潜藏的无限价值，通过相应的修行，在实现现实价值的同时，成就终极价值。并通过因果观告诉我们：如果想有更好的未来，要在因上做出哪些努力。

就像生产优质产品，必须了解标准，依此落实。如果不清楚标准，或标准很低，是无法提高质量的。人生也是同样，只有认识生命的终极价值，了解成功的最高标准，付出的努力才能导向这个目标。作为企业家，我们应该在传统文化中吸取养分，以长远的眼光规划人生，才能实现真正的成功。

精神财富与人生幸福

改革开放以来，中国社会经历了从贫穷到富有的迅速发展。在物质匮乏的年代，我们以为富有就能幸福。现在很多人富起来了，却发现幸福并没有随之而来。不少人虽说事业做得很大，钱很多，但烦恼同样很多。幸福是什么？影响幸福的因素有哪些？

1. 幸福和欲望有关

通常来说，幸福就是一种满足感。当我们得到想要的东西，欲望得以满足，就会觉得幸福。这是最容易感受到的。正是这种感觉，使人们对幸福产生了误解，以为拥有更多就会更幸福。事实上，欲望带来的满足感很短暂，而且阈值会不断增长。曾经，人们得到十元就会感觉幸福，但标准很快提高到百元、千元、万元，乃至百万元、千万元。这种改变就发生在短短几十年，不少人应该会有切身体会。当幸福的成本越来越高，意味着我们要为此付出更多努力。这就使现代人活得很累。

所以古人推崇知足常乐，佛教提倡少欲知足。当欲望减少，就像一个小杯子，一点水就能装满，很容易感到幸福。因为成本低，幸福就能不断持续。但当欲望迅速提升，就像水缸、池塘甚至更大，就难以填满了。如此，建立在欲望基础上的幸福变得越来越难，对外界的依赖也会随之增多，进而引发焦虑、恐惧、没有安全感。从另一方面来说，欲望升级要有更多的财富支持，这就需要消耗资源，对生态环境造成破坏，甚至给地球带来不可逆转的伤害。

可见欲望具有两面性，虽能给人带来幸福感，但副作用很大。看清这一点，才能对人生做出合理规划，不过度索求，同时取之有道。

2. 烦恼是幸福的杀手

今天的人虽然衣食无忧，但内心往往缺乏安全感。当我们被烦恼控制时，就会妄念纷飞，躁动不安，哪怕条件再好，也无法感到幸福。我们什么时候最容易幸福？很多人会想到童年，在那些无忧无虑的时光中，留下了很多幸福的回忆。日渐长大后，虽然拥有的越来越多，但烦恼也随之增长，久而久之，使我们失去了幸福的能力。

佛法认为，心既是幸福的根本，也是痛苦的源头。当心处在无明迷惑时，会不断制造焦虑、恐惧、贪婪、仇恨、自私、嫉妒等负面情绪，痛苦在所难免。这就必须通过修行断除烦恼，照见本来清净的心。就像天空，虽被云层遮蔽，但云开雾散，依然澄澈无染。这个清净心正是幸福之源，本身会源源不断地产生喜悦，无关欲望，无须所得。

世人由家庭、事业、财富等外在条件得到满足，虽然也能带来短暂的幸福感，但同时伴随着各种副作用，是有苦之乐。只有断除烦恼，才是纯粹、圆满的无苦之乐。

3. 精神财富与幸福

如果把心灵比作花园的话，烦恼就是其中的杂草。当我们清理杂草、改良土壤后，还要进一步播下花种，培养与幸福相关的良性心理。

一是知足。古人早就告诫我们，知足才能常乐。当一个人对生活的要求降低了，幸福的成本会随之降低，意味着我们更容易获得幸福。反之，如果贪得无厌，难以满足，是无法感到幸福的。

二是感恩。如果没有感恩心，看别人往往没感觉，甚至会心生对立，觉得世上都是敌人，都在算计你。当你带着这样的心态看人，看到谁都不欢喜，别人看到你也不欢喜。如果我们认识到，自己每天在享受他人的给予，不仅是父母、亲戚、朋友的帮助关爱，还有社会各行各业的人提供服务，乃至飞鸟鱼虫，都在为地球共建生态环境，就能带着感恩心看待众生，看到一切都心生欢喜。当我们以这样的心看待众生，就会产生亲和力，让众生欢喜，被众生接纳。这种和乐就是幸福的助缘。

三是接纳。生活中有顺境和逆境，一般人在顺境中才能幸福，一旦遭遇逆境，立刻陷入痛苦之中。因为不接纳，就会进一步把问题无限扩大，难以自拔。如果我们有接纳的能力，在面对逆境时不抵触，更不介入仇恨、纠结、抱怨等不良情绪，那么逆境不过是暂时的对境而已，提醒自己加以反思并解决问题，而不是因此带来伤害。

四是宽容。很多时候，烦恼就来自不宽容，不慈悲，哪怕很小的事，都会斤斤计较，徒增烦恼。当我们以宽容、慈悲之心对待他人，就能广结善缘，而不是制造对立，即所谓慈悲没有敌人。

4. 智慧不起烦恼

除了良性心理，智慧也是幸福的根本所在。我们每天都会面对各种问题，会受到什么影响，关键不在于事情本身，而在于我们怎么看待。如果积极正向地看问题，再不好的事情也会得到转化，甚至变成好事。

不少人喜欢说“一切都是最好的安排”，说起来容易，但能不能成为最好的安排，关键不在其他，而在我们看问题的方式。如果没有转换的智慧，总是带着负面心态，就会庸人自扰，散布不良情绪。通过学习佛法，学会用智慧的眼光去看待问题，无论发生什么，都不会给我们带来烦恼和伤害。

我常说——你是什么，比拥有什么要重要。现代人只关心“我拥有什么”，却忽略了“我是什么”。但要知道，如果没有幸福的能力，即使拥有再多，也不会感到幸福，反而问题重重。所以我们在经营企业的过程中，不仅要关注物质财富，还要重视心性修养和精神财富，这样才能给生命带来究竟利益。

利益与道德

很多人把利益和道德对立起来，认为讲利益就是不讲道德，讲道德就不该讲利益。又或者，认为道德是虚无的，利益才是实实在在的，不必为虚无的道德损害现实利益。真是这样吗？事实上，现在全社会都尝到了不顾道德的苦果，都在为这种唯利是图的行为买单。作为企业家，比普通人更多地面对这一抉择，何去何从？

1. 正确认识道德

儒家道德是依托社会伦理建立的，作用主要是处理自己与家庭、他人和社会的关系，似乎都是出于外在而非生命自身的需要。如果这样的话，那么大家都遵守道德时，我才有必要遵守。而当大家都不遵守道德时，这么做似乎就是傻瓜，是吃亏。其实，这是对道德的错误认识。

从佛法角度看，道德是立足于自身需要。在践行道德过程中，自己首先是最大受益者，然后才是社会大众。为什么？还是要回到刚才所说的心性论和因果观，这也是道德建立的基础。

心性代表生命的存在。我们内心有佛性，也有魔性；有善的力量，也有不善的力量。具备这样的能力、性格、兴趣爱好、生活方式，这一切是由什么决定的？其他宗教认为是神造的，也是神在决定你的穷通祸福。

佛法认为，生命发展遵循因缘因果的规律。因就是身口意三业，即我们每天做些什么，说些什么，想些什么。所有这一切有两种结果，一是外在结果，即由此形成的能力、成就和带来的社会效应等；二是内在结果，即我们的观念、心态和生命品质。生命是长期的累积，善行会产生良性累积，不善行会产生不良累积。我们希望成为更好的自己，就要给生命以良性累积。

生命就像产品。我们知道，产品质量取决于原料和工艺。对生命产品来说，身口意三业既是原料，也是工艺，而道德则是升级原料、改良工艺的关键。所以说，我们自己就是道德的受益者，然后才由己及人，利益大众。

如果我们对道德有正确认识，基于对自身的负责，一定会自觉自愿地遵守道德。谁不想让自己变得更好呢？所以观念非常重要，这是道德能否落地的决定性因素。

2. 道德和利益并不对立

很多人认为佛教是排斥利益的，其实不然。佛法重视两种利益：一是现世利益，提供生存所需，使人生美满；二是究竟利益，成就生命的终极价值。

《金刚经》中，佛陀一方面阐述了空性智慧的重要性，让我们以无我、无相、无所得之心待人处世；另一方面通过七次较量功德，反复告诉我们读诵受持此经的利益。以三千大千世界七宝布施，以恒河沙数身命布施，所获功德都比不上开启智慧，而且是百千万分不及一。

一般人听了可能会产生怀疑，但如果我们了解其中原理，就会发现这并不是夸张。一个人拥有再多财富，能买到所有享乐，但能买到快乐吗？只要生命品质没有改善，内心依然会烦恼重重。《金刚经》的智慧正是引导我们解除烦恼，获得幸福，进而帮助普天下的芸芸众生解除烦恼，获得幸福。认识到这一点，我们就能确信，成就智慧的利益，是再多财富供养都无法相比的。

虽然佛教不否定利益，而且鼓励我们以正当手段追求利益，但同时也提醒我们不要执着，也就是《金刚经》说的“所谓福德者，即非福德，是名福德”。当我们不着相的时候，心才会像虚空一样，成就的功德也像虚空一样。但执着福德的话，就会从无限变成有限的一点点。

人们之所以把道德和利益对立起来，是因为不了解传统文化，缺乏信仰。当我们没有精神追求，就会把物质利益最大化，以为拥有财富才能出人头地，彰显自我价值。而当我们有了精神追求，就会看到世间利益是暂时的，其作用一方面是滋养色身，作为修行资粮，另一方面是利益众生，导向终极价值。

3. 道德有助于实现利益

道德是一种行为准则，与此相关的，还有法律和戒律。其中，法律是最基本的道德，而戒律则是根据修行需要，将某些行为固定下来，作为佛弟子必须遵循的准则。但凡夫的本性是贪嗔痴，是无明我执，所以不少人只认可法律，却觉得道德和戒律是一种束缚。

我们知道，法律是公民安全和社会正常运转的保障。事实上，道德不仅有助于自身成长，也有助于社会和谐。如果大家缺乏道德，唯利是图，想方设法地钻法律的空子，将给自己和社会带来无穷后患。

从企业经营来说，诚信是基本道德。改革开放四十年来，先后出现了无数企业，有的发展壮大，也有的昙花一现。为什么有这些不同？企业发展不仅要经营有方，还要讲究诚信，两者缺一不可。多数人只看到经营的部分，甚至为牟利不择手段。其实，诚信才是企业的立足之本。国外有很多百年企业，正是因为讲究诚信，遵循契约精神，才有了长久的生命力。

此外，利他也有助于我们把企业做大做强。稻盛和夫就是奉行敬天爱人的信念，成就了两家世界五百强企业。简单地说，就是要有良心，遵循因果规律，同时本着利他心经营，而不仅仅是为了自己赚钱。现在不少企业家说，做企业是因为“大家要靠我吃饭"，似乎是为了利他，其实还是为了自己。当你只想着自己，你的事就是你的事，别人只是为了报酬来工作而已。只有当你处处为大家着想，带着利他心去做，你的事才能变成大家的事，招感各方善缘，共同推动企业发展。

很多互联网企业就是本着免费原则，通过平台为大众创造方便，广结善缘，最后得到了极大发展。包括现在的共享经济，也要有利他的前提。当你想着利益大家，大家才会认可你，接受你，利益由此而生，所谓人脉就是钱脉。

自古以来，宗教传播到世界各地，到处都有寺院和教堂。用现在的话说，就是遍布连锁店。同时还有无数义工无偿提供服务，有专职的，也有业余的。为什么大家愿意参与？就是因为免费原则，因为利他心。

在佛法修行中，利他和自利是统一的，反之，害人就等于害己。如果一个人整天想着自己，必然烦恼重重。而当你时时想着别人，就没时间为自己烦恼了。所以说，一切烦恼都和自我有关。利他不仅能弱化我执，解除烦恼，还能提升人格。在利他过程中，内心的悭贪、狭隘、嫉妒、自私、贪婪、仇恨等负面情绪会被化解，慈悲等正向心行随之增长，源源不断地产生福报。

佛教在心性层面为我们指出了道德的意义，包括眼前利益，也包括长远利益乃至究竟利益。正确认识道德和利益的关系，生起利他心，对企业诚信经营很有帮助。利他不是口号，也不是理想，当我们真正认识到其中原理并落到实处，一定能由自身改变感受到这么做的利益，就会自觉践行。

入世与出世

据《国际商业问卷调查报告》显示，伴随经济的快速增长，中国企业家的工作压力居全球首位。除了事务性的繁忙，主要压力其实是来自执着。怎样才能在工作中修行，在忙碌中保持超然？必须以出世心做入世事。关于入世和出世，儒家和佛教有不同侧重。

1. 儒家重入世

儒家思想立足于人本，关注现实人生，强调做人做事，基本架构为“修身、齐家、治国、平天下”。从自己的修身养性，到处理好家庭关系，进而造福社会、让天下和平安定。这条路径主要通过入仕为官来实现，但并不是每个人都有这种因缘。

如果没有因缘，那就独善其身，等有条件时再兼济天下。还有人在仕途受挫或做得太累后，也会选择退隐。所以儒家并不完全是入世，也有一定的隐世思想。但后者多半是无奈之举，是退而求其次的选择，并不是主动出世。

2. 佛教出世与入世并重

一直以来，佛教都给人以消极避世的印象。事实上，佛教根据众生的不同根机，为我们提供了人天乘、声闻乘和菩萨乘三条道路。

首先是人天乘，即怎么做完美的人、幸福的人、有道德的人。在这个问题上，佛教和儒家、基督教的视野不同。儒家是一世论，着重现世。基督教是两世论，只有现在和未来。因为所有人是上帝所造，起点相同，未来或是升天堂，或是下地狱，也由上帝决定。佛教则有过去、现在、未来三世，认为生命就像河流，今生只是其中一个片段。在空间上，有天、人、阿修罗、地狱、饿鬼、畜生六道及声闻、缘觉、菩萨、诸佛的圣贤世界，合为六凡四圣的十法界。

所以佛教讲到入世时，不仅关心今生，还关心未来；不仅关心当下的人身，还要看到十方世界的不同维度。从这些角度为我们阐述了生命的延续规律，那就是因缘因果。遵守五戒十善，来生才能继续做人，否则就会失去做人资格，堕落恶道。

佛教不以天堂为究竟归宿，认为从修行来说，人的身份最理想。因为人有理智，能闻思佛法，如理修行，认识宇宙人生的真相。

而且人间有苦有乐，促使人们为离苦得乐而努力。所以佛教认为：真理和智慧属于人间，终不在天上，鼓励我们珍惜人身。

人天乘的因果告诉我们，什么行为是有价值的，将给生命带来良性结果，什么行为会带来不良后果。对于企业家来说，如果不诚信经营，就会造下恶业。不仅给他人造成伤害，也会给自己带来苦果。

其次是声闻乘，主要强调出世。因为不论当下处境多么美满，只要还有迷惑烦恼，生命就不是圆满的。所以声闻乘的目标是断除烦恼，成就解脱。在修行上要少事少业，过最为简单的生活，最好入山静修，免受红尘干扰。佛教的出家制度就和解脱道修行有关。

最后是菩萨乘，强调以出世心做入世事。佛教修行有出离心和菩提心。如果只想个人解脱，是出离心。如果在解脱的同时，发愿帮助普天下的芸芸众生解除烦恼，离苦得乐，则是大乘的菩提心。你是不是大乘，就取决于有没有这个愿望。

有了愿望之后，还要提升自己的智慧和能力，否则是泥菩萨过河，自身难保。所以既要重视心性修养，提升悲智二德，还要从五明处学。所谓五明，除了作为内明的佛学，还有世间的工艺技术、语言文学、逻辑和医学等。掌握各种能力，才能以无量方便利益众生。

众生形形色色，从事各行各业，菩萨为了利他，要以各种身份出现。本着利他济世之心做企业，或从事教育、医疗、服务等一切正当行业，都可以成为菩萨。

但仅有利他心还不够，因为凡夫都有我执，即使发起菩提心，在开始阶段也是不纯粹的，还夹杂爱恨情仇，所以要在利他过程中不断提升心行，以空性慧空掉我法二执，空掉好恶、亲疏之心，对众生生起平等慈悲之心，内心没有我，只有众生。

虽然为众生做一切事，但又不执着于此。正如佛陀在《金刚经》中开示的那样，菩萨要无住生心，无我相，无人相，无众生相，无寿者相，虽然做种种事，但内心如虚空般没有粘着。怎么拥有这样的超然心态？包括两方面：一方面，是用缘起的智慧，了解到一切都是条件关系的假象，如梦如幻。另一方面，当你对做的事情看淡了，执着自然就少了。更重要的是开发空性智慧，安住于此，自然就能不粘着。

如果企业家能带着菩提心、利他心做事，就是在学做菩萨，把商场变成道场。这样做的话，非但不会为事业所累，还能让做事成为修行，让企业更好地利益大众。

在中国传统文化中，儒释道相互交融。《金刚经》《心经》《维摩经》《六祖坛经》等佛典，自传入以来就受到很多儒者的推崇。王维、白居易、苏东坡等文人士大夫，既是儒者，也是虔诚的佛教徒。如果单纯接受儒家文化，一心入世，缺少出世的超然和对终极问题的解决，会过得很累。如果在入世的同时接受佛教思想，以平等慈悲之心做事，同时保有超然的心态，那么仕途顺利时不会太累，不顺时也不会受到太大打击，就能进退自如。

结说

以上说到几个问题，首先是认识成功的标准，在成就现实价值的同时导向终极价值。其次是认识财富与幸福的关系，在追求物质财富的同时积累精神财富。再次是认识利益与道德的因果，杜绝违背法律和道德的行为，提升自己，造福社会。最后是认识出世和入世的定位，以出世心做入世事，在积极入世的同时，保有出世的超然。带着这样的智慧做人做事，就能使自利和利他统一起来，让企业发展，让人生成功。

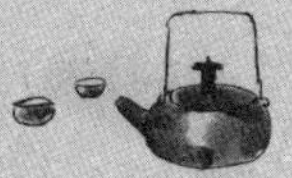

企业家的现实价值与终极价值

探讨“企业家的现实价值与终极价值”，关系到对“成功”的定义，并直接影响我们的人生观和世界观。当我们觉得什么有价值，自然就会追求什么。不仅人生将围绕这个目标展开，眼中的世界也会随之改变。世界包罗万象，但每个人都会根据自己的三观做出取舍，构成不同的小世界。这些小世界进一步相互影响，形成世界的共业。

当今社会的价值导向中，往往以企业规模和资产多少来衡量一个人的成功。在各种财富排行榜上，一串串数字向世人昭示着成功的坐标。其实，数字只能说明企业的发展状况，属于现实价值，并不代表企业家的生命品质，也不具有终极价值。如果以此定义成功，显然是片面的，还会对民众产生误导。当人们把目光聚焦于这样的成功时，很容易屏蔽此外的一切，变成“眼中只看到钱”。这种价值观对个人和社会造成的危害，已是有目共睹的。

什么是真正的成功？儒家的成功观是立足于做人，从完善人格、具备君子德行，到造福社会，成为“博施于民而能济众”的圣贤。佛教的成功观是依人天乘、声闻乘、菩萨乘的不同定位，止恶行善，追求解脱，最终成就佛菩萨那样的悲智二德，并在圆满自身品质的基础上，进一步自利利他。

当然，儒家和佛教并不排斥财富，因为这也是利他的重要助缘，但不能以此作为成功的唯一标准，还要从现实价值导向终极价值。当我们具备利他心和做事的智慧，又能精进努力，自然会事业有成。这样的成功才是全面的，不仅对自己和众生、现前和未来没有任何副作用，还能自利利他，使生命进入生生增上的良性循环。

如何取得这样的成功？如何使现实价值和终极价值相统一？

文化传承与精神追求

现实价值主要体现在物质层面，但这同样离不开精神追求，也离不开文化引导。可以说，正是对终极价值的认识，决定了人们追求什么样的现实价值。

1. 新教伦理与资本主义制度

现代企业体制是从西方的文化和信仰发展而来，但我们在引进过程中，只看到其中技术和商业的部分，却忽略了它的文化背景。马克斯·韦伯在《新教伦理与资本主义精神》中指出，资本主义精神是源于宗教改革后的新教伦理，正是这种精神，为经济发展注入了动力。

西方早期宗教是天主教，偏向出世，认为尘世是短暂而虚幻的，天堂才是永恒的归宿。人们必须通过修行、祈祷才能升天，工作不过是谋生手段，为生活提供基本物质条件，在道德上是中性的。换言之，只有现实价值，无关终极价值。文艺复兴后，西方出现宗教改革，在奉行新教的地区，经济迅速发展。韦伯发现："工商界领导人、资本占有者、近代企业中的高级技术工人，尤其是受过高等技术培训和商业培训的管理人员，绝大多数是新教徒。"为什么会这样？正是源于价值观的改变，最重要的是"天职观"。

天职本是宗教用语，意指"上帝安排的任务"，但在宗教改革中，马丁·路德将此与世间的"职业"一词联系起来。韦伯认为，这就"使日常的世俗活动具有了宗教意义，并在此基础上提出了职业思想"，"完成个人在现世所处地位赋予他的责任和义务，这是他的天职"，"宗教生活再也不是在离开尘世的修道院里度过，而是在尘世及各种机构中度过"。也就是说，上帝安排的任务需要在世俗职业中完成。因为人们在尘世做什么是神决定的，只要用心去做，同样是主的荣耀，能因此获得恩宠。

这就将现实价值和终极价值统一起来。当人们本着这样的精神工作，自然不会将现实价值作为唯一目的，因为这只是导向终极价值的途径。立足这一定位，就会自觉遵循相关伦理，而不是为牟利践踏道德。改革开放后，我们在短时间内迅速借鉴西方模式发展经济，却没有认识其思想基础，也没有相应的本土文化为依托，造成企业到社会的种种问题。就像引进外来物种时必须全面评估，建设相关生态，否则就会造成灾难，学习制度同样如此。

2. 传统文化与做人做事

民国时期，一些有识之士曾就如何学习西方文化展开讨论，倡导“中学为体、西学为用”。遗憾的是，这一主张并未成为国人接受西学的主流。近几十年来，当旧已破而新未立，何以为立身之本？问题是，这种接受还流于表面，只看到现实价值，却没有终极价值为导向。这就容易使人在追求现实价值的过程中失去约束，唯利是图，置道德甚至法律于不顾。而在现代社会，彼此的影响千丝万缕。这些年，各种伪劣产品和豆腐渣工程已造成严重的社会问题，使每个人受到不同程度的伤害。

对企业家来说，建立终极价值尤其重要。首先，产品的安全、质量等问题直接关系到消费者乃至全社会的利益；其次，企业家的道德品质会对员工乃至民众产生影响。因为企业家属于大家心目中的“成功人士”，其言行有一定的导向作用。

基于这些问题，不少企业家们开始反思，并在中国传统文化中寻找养分，倡导佛商、儒商、道商等。但要知道，这不是一种包装，更不是身份的象征，而应该像新教伦理所说的那样，将终极价值和现实价值统一起来，让工作成为修行的组成部分。通过做事完善人格，通过做人更善巧地做事，并不仅仅以做事为目的。成为佛商，是要发菩提心，奉行五戒十善乃至菩萨戒，由自利进而利他。成为儒商，则要奉行仁义礼智信、温良恭俭让的品行，成为有德君子，进而齐家、治国、平天下。

儒家和佛教都重视利他。儒家有“为天地立心，为生民立命，为往圣继绝学，为万世开太平”的四句教，佛教则有“众生无边誓愿度，烦恼无尽誓愿断，法门无量誓愿学，佛道无上誓愿成”的四弘誓愿。这些高尚的精神追求，既可以让现实价值得到升华，导向终极价值，也会为我们的工作、生活源源不断地提供精神养分。

可能有人会担心，佛教是宗教信仰，是否和自己的身份有冲突？其实学佛有两个定位：一是信仰，二是文化。说到信仰，才涉及谁能信、谁不能信。但从学习文化的角度来说，并不存在这些问题。正如“党的十九大报告”所说：“中国特色社会主义文化，源自于中华民族五千多年文明历史所孕育的中华优秀传统文化。”

佛教传入中国两千多年来，早已和本土的儒家和道教一起，成为传统文化的三大源泉。如果不了解佛教，就无法全面认识和继承传统文化。

所以说，传承中华优秀传统文化，助力国人的心灵建设、人格建设、精神建设，是我们的责任所在。作为企业家，如果能从传统文化中汲取养分，完善生命品质，本着自利利他之心发展企业，造福社会，实为众生之幸。

3. 精神追求对生命的价值

说到究竟价值，更离不开精神追求。那么，中国人的精神是什么？中国社会的精神是什么？我们应该打造什么样的人格素养？现行教育中有没有这些内容？

我们知道，产品是企业的生命力。拥有优质产品，企业才有持续发展的基础。这个世界每天生产很多产品，人们也在不断添置和更新产品，那什么产品和我们关系最密切？不是汽车电器，也不是几乎成为身体一部分的手机，而是我们的生命品质。这种品质并非生来如此，而是由往昔业力构成的，又由现在的身口意三业决定未来走向。所以我们不能对它听之任之，否则将没有品质保障。这就需要了解生命的组成，知道哪些是有益身心的，加以发展；哪些是有害身心的，坚决断除。

佛教中，将生命产品称为五蕴，即色、受、想、行、识五种因素的聚集。其中，色蕴属于物质部分，即我们的身体。换言之，生命包含但不仅限于身体。此外还有感受、思想、造作、认识等心理活动，共同构成了我们的生命，也决定了生命的品质。

我们对这个产品是否满意？事实上，凡夫的生命产品是以贪嗔痴为主体，势必存在各种瑕疵。所以优化生命是人生的头等大事，否则将没有出路。但这么重要的事，反而最不被重视。我们从来不去了解它，也没有对它加以管理，只是凭着感觉肆意使用。因为没有正确的三观引导，就会不断制造问题，制造情绪垃圾，带来焦虑、抑郁等种种心理疾病。

我们会定期检查身体，也会定期养护汽车、装修房子，却没想到，生命同样需要管理和滋养。对身体、汽车、房子的保养，只能排除问题隐患，延长使用寿命，管理得再精心，也不过和我们相伴一生，免不了成住坏空的结局。但心理力量的积累不会随着死亡结束，还会作为业力，生生世世地陪伴我们。

如何打造生命产品？东方文化，尤其是佛法智慧可以为我们提供引导，因为生命之本在于心性。现在大家很关注心理学，而佛教自古就被称为心学，对心性有透彻的了解，对改善心性更有具体的方法，而且是从不同角度、针对不同根机施设的，用现在的话说，就是“八万四千法，总有一款适合你”。这些方法来自佛陀的实际体证，并在两千年来被弟子们反复实践和验证，是人类宝贵的精神财富，也是打造优质生命产品的指南。我们一方面要通过闻思经教了解心性，从妄心到真心，从意识到潜意识，知道心的构成和发展规律；另一方面要通过禅修掌握调心之道，最终明心见性。

二十世纪以来，世界发展被西方文化全面主导。虽然科技发达，物质丰裕，但人自身的问题越来越多，也越来越不容易感到幸福。尤其在人工智能时代到来后，大量工作被取代，还有人担心，人工智能快速的学习能力会全面超过人类。更现实的问题是：谁在使用人工智能？当人们利用人工智能犯罪，谁来负责？如果这些先进科技的使用者心智不健康，那么工具越发达，世界将越危险，越失控。人类的出路在哪里？

在这样的大背景下，尤其要重视自我提升。只有具备合格的生命品质，我们才有能力用好各种工具，而这正是东方文化擅长的。所以未来发展要重视两点，既要学习西方科技的长处，还要继承中国传统文化的独特价值，让做事和做人同步发展。

现实价值与长远价值

人们投资前会充分评估，把资金投向有潜力的项目，由此获得回报。人生投资也是同样，需要评估什么是真正有价值的，值得投入时间和精力。在人们关心的现实价值中，又包括眼前价值和长远价值。

1. 现实价值的不同定位

从企业来说，眼前价值是当下的利润和市场份额，长远价值是企业的永续发展。从个人来说，儒家立德、立功、立言的三不朽人生，既包含现实价值，也代表长远价值。此外，“积善之家必有余庆”是通过行善让子孙得到庇荫，“为万世开太平”是通过努力泽被后世，更重视长远价值。

佛法怎么看待价值呢？很多人觉得佛教重在出世，不关心现实价值，这种认识是片面的。佛教有三乘，即人天乘、声闻乘、菩萨乘。其中，声闻乘倾向出世，需要放弃对名利、感情、财富的追求，奉行少欲知足的生活，勤修戒定慧，息灭贪嗔痴。在世人看来，似乎不重视现实价值。事实上，他们的价值就在于断除烦恼，完善人格。这不仅可以使自己受益，还对社会民众具有教化作用，内修外弘，兼具眼前价值和长远价值。

此外，佛教还有人天乘和菩萨乘。人天乘的要求是遵守道德，富有爱心，承担相应的家庭和社会责任，与众生和谐相处，与世间的价值观并行不悖。区别只是对道德的要求更高，并将其中的重点形成戒律，是有持有犯的硬标准。而对菩萨乘来说，不仅要成就声闻圣者那样的智慧和解脱，还要把利益众生作为不可推卸的使命。在佛教戒律中，声闻戒重在止恶，不做坏事即可，而菩萨戒包含三项内容，又称三聚净戒。一是止恶，所有坏事坚决不做；二是修善，凡提升人格的善行积极去做；三是饶益有情，凡利益众生的事主动承担，如布施、持戒、忍辱、精进、禅定、智慧六度，及由此衍生的一切利他行。

所以菩萨要多事多业。佛经中，观音菩萨以千百亿化身接引众生，“应以何身得度者，即现何身而为说法”。维摩诘居士也是这样的典型代表，他既有高超的佛法见地和修为，又是备受世人尊重的巨富，活跃于社会各个阶层，以在家身“执持正法，摄诸长幼”。所以说，佛教同样重视现实价值。虽然声闻乘重在自身解脱，但这种德行也能起到化世导俗的作用。而菩萨乘还要在此基础上主动承担，全心全意地为众生排忧解难。

2. 眼前价值和长远价值并行

眼前价值和长远价值的关系，是特别需要关注的。在企业家群体中，不少人只顾眼前价值，结果在做事过程中把身体累垮了，心态做坏了，家庭不安乐了，人际关系不和谐了，甚至为赚钱不择手段，触犯法律。这样的话，即使得到一点眼前利益，也是得不偿失的，苦果现前时就悔之晚矣。

如何在追求眼前价值的同时成就长远价值？佛法认为，道德和利他可以将两者统一起来，使眼前价值延伸到长远价值。首先是道德，对企业家来说，重点在于遵纪守法，讲究诚信。因为法律属于道德底线，是必须遵循的基本行为规范。而诚信则是企业发展的根本，对员工诚信，可以上下一心；对合作者诚信，可以招感善缘；对经营诚信，可以取得认同，增加用户黏性。事实上，凡能代代相传的老牌企业，都具备这一品质。

其次是利他精神。在稻盛先生的经营哲学中，要时常问问自己：做企业是为了利己还是利他？这个“他”包括企业的高层和员工，也包括社会大众。只有真正带着利他心去做，才能得道多助，使员工带着主人翁精神，群策群力地参与企业发展，共生共荣。反之，如果纯粹以自己为中心，让大家为你服务，是很难留住人心的。稻盛先生有一套阿米巴管理方式，让人人都有经营意识，都能发挥作用，但这么做的前提是企业主有利他精神。否则，再好的管理也未必能有效落实。

从佛法角度说，利他的心理基础是慈悲，而慈悲是福报的源泉。当我们有利他精神时，就能广结善缘，得到更多的认可、尊重和护持。现代营销学也认为：双赢是成双的，对客户和企业来说，应是客户先赢企业后赢；对员工和企业来说，应是员工先赢企业后赢。所以互联网公司很重视结缘，通过一些免费服务积聚人脉，让用户得到方便的同时，也给自己带来利益。

除了道德和利他，还要有经营的智慧。尤其在今天这个时代，社会日新月异，市场竞争激烈，作为企业家，必须具备开放的胸怀和学习能力，不断更新和提升管理机制，才能跟上时代，确保企业的健康发展。

现实价值与终极价值

我们来到这个世界，不过是地球七十多亿人口之一。从更大范围看，地球只是太阳系的众多星球之一。而在银河系，还有数千亿颗太阳那样的恒星。至于整个宇宙，更存在无量无边的星系。这些发现都印证了佛陀在两千多年前所说的：宇宙中有恒河沙数世界，无法穷尽。不仅如此，它们在时间上也是无始无终的。科学家认为，宇宙由137亿年前的大爆炸形成，但在佛教看来，那只是宇宙历史的一个片段而已。

从浩瀚的宇宙回望，会觉得生命实在微不足道，甚至找不到活着的意义。如果生命就是这种人死如灯灭般的有限存在，那这短短的一生算得了什么呢？和朝生暮死的蜉蝣有什么本质的区别呢？好在佛法告诉我们：心的本质就是宇宙的本质，证悟心的本质，就能通达宇宙真相，让有限的生命成就无限的意义。

1. 我们活在哪里

我们通常以为，人是活在共同的现实世界。但从佛法角度看，每个人都是活在各自的小世界。因为生命并非始于今世，而是由无始的过去流转至今，所以在我们内心有着往昔留下的种种人生经验，及由此形成的心理力量，《楞严经》称之为前尘影事。这些共同构成了我们的业力系统。

现在的 VR 眼镜可以让人置身虚拟世界，其实，业力系统就是这样的 VR 眼镜。我们带着业力来到世界，构成今生的存在，并通过这个认知模式看世界。所以我们看到的并不是世界真相，而是呈现在各自认知模式上的影像。

那世界真相究竟是什么？从本质上说就是空性，在现象上则有地狱、饿鬼、畜生、天、人、阿修罗六道。因为业力不同，眼镜不同，众生看到的世界并不一样。人看到人的世界，动物看到动物的世界。即使同样是人，所见也因人而异。

在以往的观念中，认为世界是客观的存在，而量子力学的波粒二象性告诉我们，物质的存在其实是不确定的，在认识过程中，我们不仅是观察者，同时也是参与者。换言之，是由我们的认识系统决定自己看到什么样的世界。当然作为人类来说，我们还有属于人的共业，又能看到相同的部分，并不是截然不同的。

怎么才能认识世界？佛法认为，我们的认识有两个层面，一是理性思维，二是内心本具的般若智慧。西方哲学重视理性，但从康德就开始发现，理性是有限的，无法直达真理，认识无限。在佛法修行中，是通过闻思修体认心的本质，开发生命潜在的无限智慧。只有这样，我们才有能力认识宇宙真相，找到人生的终极价值。

2. 佛教看终极价值

什么是终极价值？基督教认为天堂是永恒的归宿，只有上帝才能拯救人类。但佛陀告诉我们，天堂也是暂时的，天福享尽，同样会流转六道。此外，佛教不认为宇宙中有决定祸福的主宰神，佛陀也没有把自己当作救世主。他以人的身份修行成佛，同时告诉我们，命运是由自己决定的，每个人都具有觉悟潜质，可以证佛所证。这为我们指出了超越现实的终极价值，也是佛陀对人类最大的贡献。

但在现行教育中，缺乏对终极价值的关怀，使人们只看到现实价值。而这些价值往往是和贪嗔痴相对应的，为了追求现实价值的最大化，就可能为所欲为。这正是今天道德滑坡、生态恶化等问题的根源所在。只有认识到现实价值并不是唯一的，还有凌驾其上的终极价值，我们才会心存敬畏，从更高的角度权衡利弊。

在佛法修行中，一方面提出因果思想，让我们知道一切恶行都会带来苦果；另一方面指出生命的真正意义，使我们不会那么执着于现实价值。可能有人担心：那我们还要不要做事业？其实，不执着不等于不努力。作为学佛者，我们不仅要努力修行，提升自我，还要带着利他心服务社会。只要定位准确，现实价值和终极价值非但没有冲突，还是相互增上的。正如《法华经》所说："一切治生产业，皆与实相不相违背。"也就是说，我们从事的一切正当工作都与宇宙人生的最高真理相契合。

如何将现实价值和终极价值挂钩，把商场变成道场？首先要在认识上把世间和出世间、生死和涅槃、烦恼和菩提统一起来，认识到每个现象的当下都蕴含着道，蕴含着空性。在声闻乘修行中，必须离开世间才能出世间，断除烦恼才能成就菩提。但在菩萨乘修行中，当我们体认世间的空性本质，就可以在入世的同时保有出世超然，像莲花那样出淤泥而不染。虽然每天日理万机，却不会陷入对事的执着，心如虚空，了无痕迹。

3. 回归清净心

心有两个层面，一是念头的层面，就像云层，来来去去，变化万千；二是虚空的层面，这才是心的本来状态，而念头只是缘起的显现，是没有根的。但当我们活在念头的层面时，情绪和想法会成为整个世界。这就需要跳出念头，回归虚空般的心，再从这样的状态来审视念头，才不会被它的变化所干扰。同样，当我们立足于终极价值的高度，就不会被现实价值所捆绑。

如何和终极价值建立联结？从菩萨乘的修行来说，就是要发菩提心，其中有两个面向，一是觉醒，二是利他，这也是佛菩萨成就的心行。佛是觉者，代表全然、究竟、圆满的觉醒。与此对应的，就是迷惑。佛法认为，凡夫和佛陀的区别就在于迷悟之间。迷来自无明，看不清自己，也看不清世界真相。所以每个生命都有很多困惑，不知道我是谁，不知道生从何来死往何去。就像前面所说的，我们戴着业力的 VR 眼镜看世界，以为所见是真实的，进而执着于此，起贪起嗔，造业烦恼。

佛陀告诉我们，每个人内心都有一盏智慧明灯。当这盏灯被点亮时，就能回归清净心，开启生命本具的无尽宝藏，正如《坛经》所说的那样："菩提自性，本来清净，但用此心，直了成佛。"所以觉醒是佛法的核心价值，也是生命的终极价值。

早期的儒家思想中，关于心性的理论较为薄弱。《论语》主要是具体的做人做事，到宋明理学才开始重视心性，从人心讲到天理，从人道讲到天道，从人性讲到天性。凡夫的知，是由无明建立的妄知，由此制造种种烦恼和痛苦，所以王阳明先生提出要"致良知"。他早年亲近过一些禅师，受到佛教心性说的影响。虽然他也批判佛教，但这主要和当时的佛教现状有关。因为禅宗盛行，佛教走向山林，给人消极避世的印象。所以王阳明先生把佛教的心性说和儒家的人伦、社会责任结合起来，认为这样才符合中道。

其实他对佛教的了解并不完整，没有看到菩提心教法的殊胜和积极意义。

4. 从利他到无限

除了觉醒，菩提心的另一个面向是利他，这也是将现实价值导向终极价值的途径。佛教所说的利他不只是简单做点好事，而是要成就观音菩萨那样的大慈大悲，其标准在于——对一切众生心怀慈悲，没有任何众生是不能帮助的，否则就不是菩萨的圆满慈悲。

还有我们熟悉的大行普贤菩萨，之所以称为大行，因为他的每个行为都是无限的，利益对象也是无限的。就像做企业，平常人开一两家公司就觉得不错了，但有些国际化连锁企业动辄几千甚至上万个店面。从世间法来说，这也是一种大行。即使这样，也远远不能和普贤菩萨的愿行相比。

《华严经·普贤菩萨行愿品》中，阐述了菩萨的十大愿力：一者礼敬诸佛，二者称赞如来，三者广修供养，四者忏悔业障，五者随喜功德，六者请转法轮，七者请佛住世，八者常随佛学，九者恒顺众生，十者普皆回向。其实从修行上说，这十项内容很普通，并不是那么特别。为什么被尊为愿王？因为菩萨的每个愿行都建立于无限的所缘，都是以尽虚空遍法界的诸佛和众生为对象，即经中阐述的“十方三世”——从空间到时间都是无限的。

十大愿王包含上求佛道和下化众生，恒顺众生是其中的关键所在。正如《普贤行愿品》所说："言恒顺众生者，谓尽法界虚空界、十方刹海所有众生，种种差别，所谓卵生、胎生、湿生、化生……如是等类，我皆于彼随顺而转，种种承事，种种供养。如敬父母，如奉师长及阿罗汉乃至如来等无有异。于诸病苦，为作良医；于失道者，示其正路；于暗夜中，为作光明；于贫穷者，令得伏藏。菩萨如是平等饶益一切众生。"可见，恒顺众生的修行要以一切众生为对象，生起平等慈悲之心。在这无限利他的见地中，使我们的心回归无限，体证生命的终极意义。

《普贤行愿品》的每个愿力最后还有一段海誓山盟："虚空界尽，众生界尽，众生业尽，众生烦恼尽，我此愿力没有穷尽，念念相续，无有间断，身语意业，无有疲厌……"虚空不可能有尽，众生和众生的业力、烦恼也不可能有尽，但即使这些不可能都成为可能，菩萨的愿行也是无尽的。听起来十分震撼！所以我把《普贤行愿品》称为"菩提心的无上观修，佛陀品质的临摹方法"，就是以我们的心去临摹佛陀品质。为什么可以临摹？因为心本身是无限的，只是因为我执，才有狭隘的设定和对立。通过无限的所缘，可以撤除设定，使心回归无限。

当我们建立这样的愿力和胸怀时，心会全然打开，和宇宙的无限性同频。常人之所以发不起菩提心，正是因为心很狭隘，容纳的人很有限。如果我们总是以自我为参照，以自己的感觉看世界，势必无法平等看待众生，而是有亲疏好恶之别。《普贤行愿品》的观修可以使我们彻底打开心量，体会心的无限，再去做事时，平等心和慈悲心就容易生起了。

总之，发菩提心是把我们的行为和终极价值挂钩。带着这样的心利他，所有善行不仅有现实价值，还能导向更高的终极价值。包括生活中的穿衣吃饭，也会得到提升。因为这一切都是在菩提心的统摄下，都会成为菩提道的资粮。作为企业家，如果我们有这样的见地和发心，就可以在成就事业的同时完善生命品质，同时让员工和客户受益，并以自己的能力和所得造福社会大众。

5. 正念的训练

除了发心，我们还要学会用心，带着正念做每件事。如果说发心是确立方向，那么用心就是让我们在前行途中走好每一步。正念的训练主要有两点，一是专注，二是了了明知。

在通信便捷的今天，人们时时处在各种资讯的轰炸中，变得难以专注。因为散乱，就会在不知不觉中被操控、被干扰。事实上，这正是很多人的现状。当心静不下来，思维就会迟钝，工作效率和创造力因此受到影响。就像电脑硬件欠佳又开了太多窗口时，运转速度会变慢甚至宕机。禅修就是通过对专注的训练，让我们学会把心带回当下。虽然面对很多事，但每个当下只想一件事，只做一件事，就不会妄念纷飞，使能量被各种碎片消耗殆尽。

此外还要定期给内心杀毒。我们知道，电脑病毒会使系统崩溃，其实生命也是同样。凡夫内心有种种烦恼，源头就是贪嗔痴三毒。如果不加对治，身口意三业会在不知不觉中被病毒侵扰。这些病毒还有自我复制的功能，进入我们的一言一行乃至起心动念，使我们在做事和思考时带着这样那样的负面情绪。如此，又会使病毒进一步得到强化。

所以我们要认识到哪些心理会制造病毒，只有看清真相，才能主动防范。进一步，还要通过禅修开启内心的杀毒软件。当我们学会专注后，就能对心行保持觉知，知道现在有什么心理在活动。我们平时总在不知不觉中，就像一潭浑水，什么都看不清，只是凭感觉做些什么。当心静下来，不在过去，不在未来，也不让心胡思乱想，自由游荡，而是安住当下，就能清清楚楚地感受身心的一切。这种了了明知的能力，就是内心的杀毒软件，也是开启无限智慧的关键。

今天讲到企业家的精神建设，这是一个大问题，涉及方方面面。以上主要从文化传承和做人做事的层面来解读，希望大家认识到现实价值、长远价值和终极价值的关系，树立正确的目标，带着利他心和正念做事。以此为基础，我们所做的一切才能成就慈悲、开启智慧，使生命品质得以提升，在成就现实价值的同时，导向长远价值和终极价值。

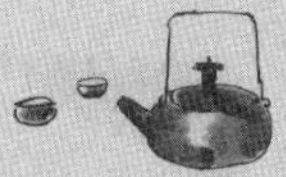

大道大商——佛教与企业文化

——2015 年讲于第四届世界佛教论坛分论坛

【主持】杨锦麟先生

【嘉宾】济群法师、曹德旺先生、杨钊先生、李金友先生等

这是一个以商业为主流的时代，物质文明高度发达，财富积累业已成为成功与否的通行标准。可是，很多人拥有财富却不幸福，事业广大却不知意义何在。此外，社会道德的缺失，生态环境的恶化，人际关系的冷漠，无不让人触目惊心。问题究竟出在哪里？我想，关键是社会的评价标准出了问题。

所幸，许多有识之士已意识到这个问题，并在佛法智慧的指导下经营企业，为企业在当今社会的健康发展积累了丰富经验。因此，继承东方优良传统，重建企业文化，是当今社会刻不容缓的事。“佛教与企业文化论坛”将从佛法的角度，围绕幸福、成功、利益和慈善等话题，与企业家共同探讨，以期重建成功标准，探索幸福之路。

什么是成功

杨锦麟：第四届世界佛教论坛的新媒体论坛“大道大商”由我主持。这是论坛给我的服务机会，也是重要而殊胜的分享时刻。今天的主题很有吸引力，相信会引起很多共鸣。首先欢迎嘉宾上场，有请济群法师、曹德旺先生、杨钊先生、李金友先生。

不论财富的高低，学问的深浅，我们都是为了一个共同目标而来，就是探讨佛教与经营企业的关系。我们的立足点有四个：一、什么是成功；二、财富和利益的关系；三、一个成功的企业家要有什么样的慈善观；四、什么是我们要追求的幸福。

今天邀请的四位讲者，有高僧大德，有成功的企业家，同时也是在家修行的居士。他们对今天的话题会有不同分享。改革开放三十多年来，我们已经成为世界第二大经济体，拥有了全世界最多的外汇储备。与此同时，财富成为社会上衡量一个人成功与否的标准。

这些耳熟能详的标准，是不是真理？是不是合理？可以看到，我们为发展付出的代价是环境恶化，人与人之间缺乏信任。我们这个论坛苦口婆心地向世人传递什么信息？或者说，佛法能不能为这个困扰的世界，提供一个新的评判标准？有请济群法师给大家开示。

济群法师：能和几位企业家和大德居士共同探讨当今社会发展中的一些重要问题，因缘殊胜。

我们先说说什么是成功。为什么要讨论这个话题？因为我们如何看待成功，如何追求成功，是社会发展的一个风向标。对“成功”的定义，其实代表着价值观的问题。我们觉得什么对人生有价值，那么得到它就意味着成功，反之亦然。

在物质文明空前强盛的今天，当人们说到成功时，往往以财富多少为尺度。而为人熟知的福布斯排行榜之类，更让这一标准变得具体可见。在各种媒体上，从世界首富到中国首富，从某省到某市乃至某县某村的首富频频出现，并不断更新交迭，成为一场全民热追并津津乐道的连续剧。

当整个社会都以拥有金钱作为成功标志时，自然会把“利润最大化”放在首位。这样的价值观又令人们的贪欲变本加厉，甚至到了一叶蔽目的地步，为牟利不择手段。由此带来的道德滑坡、生态恶化，甚至触犯法律等种种问题，我想大家已经有目共睹了。更可怕的是，诚信遭遇了前所未有的危机——我们不知道该信什么，也不敢信什么。

由此可见，如果对成功的认识有问题，将成为社会发展的一大隐患。所以，重新认识成功的价值，定义成功的内涵，已成为当务之急，也是未来中国健康发展的关键。这不仅关系到每个人的切身利益，也关系到整个社会的安定和谐。

千百年来，国人的价值观主要来自中国传统文化。比如儒家讲到的“三不朽”，就曾是影响无数人的主流价值观。“太上立德”，是以成就道德和圣贤品质为最高目标；“其次立功”，即建功立业，造福一方；“其次立言”，即以著述影响社会，教化民众。与之相对应的，还有“修身、齐家、治国、平天下”。首先从完善自身道德开始，其次处理好家庭关系，最后治理国家，造福社会，令天下和平安乐。

正是在这种价值观的影响下，古人才会将“为天地立心，为生民立命，为往圣继绝学，为万世开太平”作为人生目标。与其说这是一种高尚的精神追求，不如说这是他们对成功的解读和实践。

而从佛教角度来说，价值观的建立，是基于对生命的认识。生命的价值到底在哪里？就在于成就智慧，成就慈悲。智慧的成就，是通过学习经教，开启生命内在的觉性，从而断除迷惑烦恼，使自己成为觉悟者，侧重自利。慈悲的成就，是由己及人，将此深心奉尘刹，以众生而非自我为中心，侧重利他。由此可见，佛教所认为的成功，不仅是个人的成就，更是大众的利益。甚至可以说，自利是为了利他，自觉也是为了最终觉他，所以才有“为利有情愿成佛”之说。

这种对成功的定义，离不开对生命真相的认识。只有在这样的认识基础上，我们才有可能从一个高度来看待成功，而不是局限于眼前得失。

杨锦麟：谢谢济群法师的开示。其他三位嘉宾都是著名的企业家，也是虔诚向佛的护法居士。他们不是官二代，也不是富二代，都是白手起家，靠自己的努力，一步一步走上各自的成功巅峰，至今还在继续为社会创造价值。杨钊先生，给我们谈谈您对成功的感受。

杨钊：作为一个企业家，我对成功的看法，分为上半场和下半场。上半场，是事业的成功；下半场，是人生的成功。事业成功的标准，只需要有名有利，有社会地位即可。那么人生成功的标准是什么呢？就是身体健康，家庭幸福，以及你活得开不开心。

现在社会上有个误区，认为事业成功就等于人生的成功。但很多人会发现，某人好像很成功，但并不是我的榜样。为什么？他虽然很有钱，很有名，但家庭不幸福，活得不开心。可见，事业不等于人生，事业的成功也不等于人生的成功。因此，除了追求事业成功外，下半场还要追求人生的成功。

杨锦麟：上半场，下半场，听起来像在踢足球。曹先生，您同意这样的踢法吗？

曹德旺：我相信他们讲得都对，但讨论成功是一个大话题。我的观点是，一样的米养百样的人。天下各行各业，评价谁成功？

我认为，应该来评价众生的成功。什么是众生的成功？能遵守法律法规，有一副硬朗的身体，还有一个圆满的家庭，再加上自由自在地活着——这就是成功。

刚才济群法师讲到中国人的浮躁，提到福布斯排行榜，当然不是针对我的。我也是福布斯上榜的老演员了，他们经常把我拿去上榜。我也曾经为此事和他们讨论过，问他们为什么如此关注中国这些人？他们说，中国在改革开放，每年GDP高速增长，引起整个西方社会的关注。一是关注它怎么做出来的，真的还是假的；二是关注自己有没有机会参与其中；三是关注自己有机会的时候，到中国应该去找谁。所以，排行榜其实是起到一个提供信息的作用，而这个榜本身是虚的。

为什么呢？它做的是虚拟经济的中间一环。所谓虚拟经济，就是说你拿钱去投资，不管是投资实体还是买了股票、期货，进入投资就虚了。或许一个变故，或许一个什么，马上让你的财产一夜间没有了。你想要做事的话，就实实在在地把钱存在银行不动，这是实的，一动就虚了。在投资第一线上的，往往是虚的。不少上过富豪榜的，最后也落得很狼狈。因此，不应该说是他浮躁，只能说我们对这方面的知识不够，对这些人群的评价有待提高。

最近有人说，某人变成富翁了，其实他的企业负债比私人资产还要大几倍。所以福布斯排行榜本身是虚的，是搞游戏的，千万别认真对待这件事。

杨锦麟：曹先生给了我们另一个角度。马来西亚的李金友先生是我多年的好朋友，来谈谈您对成功的解读。

李金友：我觉得，成功对我来说永远是一个过程，很难下一个定义。我很同意杨先生说的上半场和下半场。我们要把一件事做成功很容易，可要追求人生的成功，就是大学问。

我觉得，如果一个人要成功的话，必须具备几个特质。首先要自信，其次要用功，最后要用心，能虚心学习。我觉得自己很幸运，40 岁开始学佛，本师释迦牟尼佛的大智大慧，是我们永远学习不完的。

今天我们来到这里，可以亲近济群法师这样的大善知识，还有杨居士、曹居士，都是值得学习的。我觉得，虚心学习是一个过程，但一定要有“日久见功”的过程。这一点，对现在的年轻人尤其重要。

杨锦麟：这几位讲者让我觉得，自己实在是一个很不成功的人。我 60 岁还在创业，没有上半场，也没有下半场。上半场打完球的人，才能施施然地去说人生、健康、快乐、分享。没有一定物质基础，空谈或奢谈成功是没有意义的。

但济群法师也给我们一个提示。在西方物质标准和东方精神标准的冲撞之下，有时给众生带来很多烦恼，我就是最烦恼的一个。所以我今天来，不是来当主持，而是来这里吸收一些智慧。

我们讲到成功，说老实话，现在真的是以财富论江湖。曹先生给大家点破了，不要信财富榜，那是宣传用的，但真有很多人都往里跳。图虚名，图虚利，这是当今社会一个弊端。因为虚，再加上信仰缺失，才会出现那么多乱象。

为什么要举办这样的佛教论坛？出家人为什么要那么苦口婆心？那么，利益至上的观点，无论在上半场还是下半场，究竟对还是不对？本家，您怎么看？

杨钊：刚才说，财富可以分为两部分，第一种叫物质财富，第二种叫精神财富。我们现在有一个误区，以为拥有物质财富就拥有一切。我在中国香港见过很多大企业家，但钱不是什么都能买的。健康不是钱财可以买到的，家庭幸福不是钱财可以买到的，活得开不开心也不是钱财可以买到的。

因此，人生的成功需要精神财富。不要搞错了，要对症下药。如果既拥有物质财富，如金钱、名誉、社会地位，又拥有精神财富，才算人生成功。只有名利和社会地位，只能算事业成功，不能算人生成功。

所以，事业成功是三个标准，财、名和地位。人生成功需要加另外三个，就是身体健康、家庭幸福及活得开心。

杨锦麟：说老实话，今天在座的能做到这六个标准的，不一定很多。不然的话，为什么我们的论坛都有站着的听众？可见大家都是来求药方的。众生平等，但在参悟人生的过程中，不一定是平等的。这个平等是相对的。济群法师作为出家人，杨钊先生定了那么多标准，您觉得难吗？

济群法师：我觉得，杨居士所说的确实是现实，很多企业家的追求会有这么两个层面。但我觉得，如果把事业的成功和做人的成功分开，还是容易出问题的。

如果我们脱离做人的目标，单纯追求事业成功，那么在做事业的过程中，就可能把事业作为一切。为了做事业，身体累垮了，家庭不和谐了，甚至心态也做坏了，这种现象比比皆是。所以我觉得，追求事业的成功，应该建立在做人的基础上。

这不是说，所有追求事业的人都会出现这些问题。如果一个人本身就有道德底线和处世原则，即使没有刻意追求做人的成功，也会带着应有的素养去做事业，能够正确取舍，有所为而有所不为。反之，如果不具备相关素养，当他片面追求企业成功时，就容易胡作非为，导致各种问题。

杨锦麟：上半场拼命挣钱，钱挣够了发现，哎呀我做人不成功，开始回馈社会。这是一种赎罪的心态，还是纠正的心态？曹先生，请您继续给大家开示。

曹德旺：说到这里，我可以很自豪地说，企业家们可以向我学习。我的成功是把复杂的问题简单化。我把“四书五经”、《大藏经》等，都归为教育，这是因不是果。教育有千万条，我再给它理成三条，叫“信、愿、行”。

我从开始创业到今天都是这样。我不仅在中国声望高，在美国、欧洲的声望比中国更高，他们非常尊重我。什么原因呢？我跟他们做生意的时候，就学会尊重人家。我坚定地相信法律的尊严；相信人言的可畏；相信我的成功需要众多客户支持，需要员工为我流血流汗、赤胆忠心地工作；我坚定地相信人间充满真善美；同时也相信要小心走好每一步，要与暗箭来往。

我通过自己的努力学习，规避各种风险。现在大家都觉得生意难做，但我们今年比去年有高速的增长。由此得出的经验是什么？把复杂的问题简单化，首先要信。

其次是愿。我的胸怀很开阔。我发愿为中国人做一片玻璃。这片玻璃能代表国家水平，在国际上和大家交流，展示中国人的智慧，展示改革开放的成功。我现在生产全球的汽车玻璃，客气一点讲，是第二大企业，因为宝马、奔驰、奥迪、大众、通用、本田都是我的客户。

最后是行。真正想成功，要从小开始。人生每一天、每一分钟发生的每件事，都是人生大厦的一块砖。码每一块砖的时候都要想好，可不可以码上去？因为歪了的话，以后就拆不下来了。你现在可以说，我只盖这么高，没问题。但如果码得好，将来能盖一百层的时候，也不会因为这个地方的砖码错了而倒塌。

如果人生有段不光彩的历史，到了一定高度以后，压力一大，这个地方就承受不了，所谓高处不胜寒。比如会有人说，某某以前犯过什么，骗过什么。这下完蛋，你就得滚下来。我认为，赚多少钱之类都容易。但一辈子让人家没办法指责你，还是比较难的一件事。就像毛泽东主席讲的，一个人做一件好事容易，难的是一辈子做好事。

这一点，我希望企业家们自勉。其实这也和信有关——要把个人的信修清楚。成功了，信佛祖给我这个福报；不成功，我信命，命中注定我要走这一步；还要相信来世，我这一世做完以后，下一世再来。

杨锦麟：豁达。活得丰厚，才有这样的悟。马来西亚曾成功举行过 APEC 会议，也成功举行过 10+3（东盟与中日韩），都是李金友先生和他的集团具体操办。一个企业家能为国家举办这样的活动，应该也算得上成功吧。您对曹先生的说法有什么解读？曹先生给我的感受是，真诚和善良会有回报的。即使这一世还没有达到，不要紧，这是命，我还有下辈子。很通透的一种人生感悟，您怎么看？

李金友：曹先生说企业家可以学他，他讲这个话不是自大，而是觉得他有很好的正能量，可以提供给年轻人。这也是我刚刚说的，成功要有自信。

我们今天谈“成功”这个课题，真心说，办企业不能不谈赚钱。我的感触是，商人一定要创造利益。你不能创造利益的话，就不叫商人。但我觉得更重要的是“见利思义”，所谓“君子爱财，取之有道”。取得利益没有错，就像曹先生把沙子做成玻璃，然后做出汽车挡风镜，这叫君子利物以义。

《易经》说："利者，义之和也。"我觉得，只要在创造事业的过程中有一种分享的心态，不但可以把技术成就和大家分享，创造财富之后，你的财富又可以和大家分享。这也符合学佛者的行为规范。曹先生所讲的，我相信他在人生中真正履行了。

刚才主持人说到，我在马来西亚承办会议。我不但办了很大的会议，还帮助过很多社会文化活动的举办。我很喜欢"元亨利贞"四个字，我念"元亨利贞"，就当作念"阿弥陀佛"。元是善之长，我们做什么事情，都要有良好的善念；亨是智慧，我们在这里讨论的就是亨。如此，"利物足以和义"。这些，在曹先生刚刚讲的时候，我都看到了。

杨锦麟：论坛和对话渐入佳境。这个话题是由杨钊先生引起的，您将成功做了上半场和下半场的剖析，给了标准定量——杨氏标准法。但我们可以发现，三位讲者对这个话题的看法和角度是不一样的。我想，不妨求同存异。

杨钊先生，我知道您还有很多见解想和大家分享。您刚才那个快乐观，搞得我很沮丧，都怀疑自己还有没有存活下去、继续打拼的意义。在您发言之前，我想请终南山律宗祖庭净业寺的本如法师现场呼应一下。这是一个人人受益的论坛，就应该人人参与。

本如法师：谢谢在座的各位，还有杨锦麟老师给我讲话的机会。我在接受大家智慧的同时，也在思考，身为出家人的最大成功是什么？我想的是：让地藏王菩萨早日成佛！我师父上妙下湛老和尚曾经告诉我：人生要把握三个健康。第一，身体要健康；第二，心理要健康；第三，智慧要健康。拥有这些，人生绝对精彩，而且能让地藏王菩萨成佛，让一切众生成佛，这是我们每个学佛者的大道大商。

道德与利益

杨锦麟：杨钊先生，我让本如法师给您一个引子，我觉得您应该继续探讨下去。

杨钊：刚才说到道德问题。从道德的角度，怎么看待财富？不同的人有不同的看法。儒家的看法是“已所不欲，勿施于人”，也就是说，要易地而处，从他人的立场和观点去考虑，也叫同理心。大家用同一个道理，站在共同的立场看待问题，达成“已所不欲，勿施于人”的共识。

佛教徒也有道德标准。作为一个佛教徒，我持五戒十善，行六波罗蜜，学习慈悲喜舍四无量心，这是我做人及做事的标准。

杨锦麟：两个月前，我去了北极点，同船的李银河老师和我谈到人生观：一是利他，二是利己，三是在利他过程中稍微利己，在利己过程中稍微利他。这也是人的三种活法。我听了以后，觉得自己白活了60岁：究竟在利他还是利己，还是在两者之间？搞不清自己活着是为了什么。

谈到利的问题，商人、企业家如果不图利，就没办法普度众生，比如开支养好福耀玻璃厂一两万的工人。关键立足点是在利他还是利己，有没有这么绝对，曹先生？

曹德旺：我认为从财富来说，多少钱都不值得去羡慕，或者一定要追求，但没有绝对不行。我以前很穷，一包烟都买不起的时候，看到一分钱也很激动。但现在有钱以后，我认为那个没用，够花就行，因为它会变。现在各国政府都在推动宽松货币政策，一不小心，抽屉里的钱马上就不断贬值。又如炒股，或者会亏，或者暴发，这都是很现实的问题。只有一点不能变，就是个人综合素质的提升。这是最大的财富。

儒家有句话，"不求金玉重重贵，但愿子孙个个贤"。留给孩子的，应该是智慧和能力。只要你有水平，有名望，有信誉，还有健康的身体，就是最大的财富。利益是五花八门的，今天把我请来坐在中间，你们在下面，这也给我很大的利益，因为大家都想坐在这里。古人讲"义利兼顾"，你坐上去，在其位，谋其职；在其位，不负其言。

刚才讲到，在中国没有把商人和企业家进行区分。就像外国人说中国没有哲学，但中国人说，“不对，我有哲学”。比如“江畔何人初见月，江月何年初照人”，南怀瑾说这就是哲学，怎么没有哲学？

为什么外国人说中国没有企业家呢？是怎么定义的呢？因为在西方工业化进程中，给予企业家很高的荣誉。认为企业家首先要有勇气，敢于承担责任，敢于挑战极限，挑战未来，挑战世界，挑战天下。你做到了，就是你的胆识。如果这次大众造假成立的话，将召回1300多万辆汽车。人家说有180亿美金，不敢想象，对不对？所以，首先要有勇气来担当这个事。

小商小贩是以养家糊口为目的赚点小钱，但作为真正的企业家来说，必须有担当精神，他的抱负和一般做生意也有区别。企业家是在统一的标准下竞争，包括质量标准、会计标准、行为标准等。他是通过自己的努力，不断改进生产设备，提高产品质量和工作效率，同时降低成本。

谁在担心这些东西呢？人民在担心，社会在担心，国家在担心。因此，企业家的抱负应该是——国家因为你的存在而强大，社会因为你的存在而进步，人民因为你的存在而富足。

同时，因为你的努力，大家都在这个标准上去奋斗——这就是企业家和商人的区别。我们向西方学习，最早是向苏联学习，后来又向美国学习。美国教给我们的，是自己正在实验的“去工业化”，搞虚拟经济。因此，我们学的全是虚拟经济。股市现在开放了一大堆三板、四板、创业板，我问他们，你想办企业，是为了做产品还是卖股票？目的是什么？——问题就在这儿。你们说这些人不良，其实不要批评他，存在的都是有道理的。我们开放后向国外学习，学的就是这些东西，你说怎么办？

杨锦麟：大商有那么多发言，大道也应该出来说几句。佛教和企业文化，已经慢慢找到一条路径，至少是思考的路径。无论是财富观，还是利己利他，请济群法师给我们一些分享。

济群法师：我们讲到财富、道德、义利之辩，需要反省什么呢？为什么现在整个社会缺乏道德观念？我们不能光去指责这些现象，还需要去寻找，这些现象的原因到底在哪里？

社会之所以有这样一种现象，和我们的传统及现行教育有一定关系。比如在儒家的“义利之辩”中，多少有点把义和利对立起来。认为一个人讲道德，就不应该讲利益。反之，如果讲利益，似乎就是不重视道德的表现。

此外，中国传统道德是建立在宗法制的基础上。也就是说，道德更多是家族的需要，社会的需要，而把个人需要摆在后面。所以人们往往会觉得：道德是一种社会行为，和自身没有太大关系。一旦家族和社会的制约力没有那么大的时候，道德就随之淡出了。有段时间，甚至出现了“道德多少钱一斤”的公然挑衅。这背后的潜台词就是：如果你不能制约我，凭什么让我循规蹈矩，按你的规则做？

而在唯物论教育的影响下，道德的建立基础就更薄弱了。如果一个人只在乎立时可见的眼前利弊，没有更长远的眼光，遵循道德就变得非常空洞了。所以，我们需要找到道德沦丧的根源，只有这样，才能提出有效的解决方法。

我觉得，遵循道德离不开智慧。如果没有智慧，道德要求是非常机械的，无非是让你做什么，不做什么。这就涉及一个问题：我凭什么要这么做？很多时候，实践道德看起来是吃亏的行为，是需要付出和忍让的。既然吃亏，为什么要做？以前的人可能会碍于礼法或社会舆论，不得不那么做。但在崇尚个性解放的今天，人们可能根本不在乎礼法，不在乎舆论，为什么还要遵守道德？

这就需要认识到道德对生命自身的价值。佛陀通过证悟告诉我们，生命是无尽的积累。我们现有的生命状态，来自曾经的行为、语言、思想，又称身口意三业。正是它们，构成了形形色色的生命状态。善的业行会构成良性生命积累，造就健康的心态、人格、生命品质。反过来说，不善的业行会构成不良生命积累，使生命趋于堕落。

可见，我们在实践道德的过程中，自身首先是最大的受益者，其次才能让他人受益。反之，自己也会成为不道德行为的受害者，进而让他人受到损害。如果大家能具备这样一种认识，就会自觉地遵守道德。因为这么做不是为了谁，而是为了对自己的生命负责，对自己的未来负责。没有哪个人不希望自己有美好的未来，不希望自己有良好的心态、高尚的人格。

如果我们能从这个高度来认识道德的价值，那么，道德必将成为人人愿意实践的自觉行为，就像我们愿意为了更好的生活而努力工作一样。

从社会来看，遵循道德不仅对个人有利，同时也在利益他人，至少是不伤害他人。就这个意义而言，法律就是最低限度的道德。当我们都能遵守法律的时候，社会安全就有保障。再如佛教的戒律，哪怕是最基本的五戒，如不杀生、不偷盗、不邪淫、不妄语、不饮酒。只要做到这些，就能在自我约束的同时，让他人获得安全感。试想，一个没有伤害、没有偷盗、没有背叛、没有欺骗的社会，是多么令人向往。

此外，佛教还有更高尚的道德，那就是佛菩萨的道德——无我利他，大慈大悲。因为把众生看得比自己更重要，所以随时准备帮助众生，令他们离苦得乐。能够实践这样一种道德的时候，将给多少人带来安乐，带来希望。

在座几位大德居士，本身也是这样的实践者。他们在佛法信念的指导下去做企业，去待人处世，这也是他们能够成功的一个重要原因。所以，不要把道德和利益截然分开。

企业家的慈善观

杨锦麟：道德不是空泛，而是实在的。在座的三位企业家，在不同的人生阶段，尤其是现在，都在做一个努力的践行者，舍财，舍法，舍无畏。杨先生，您一定有很多利他利己的想法和我们分享，还有自己在慈善方面的身体力行。

杨钊：刚才说到对财富的看法，或者说人生目的。做人应该怎么做？做事应该怎么做？路在何方？路在脚下。

首先我们要吃饭。怎么吃饭？你必须守法，不能去抢，这是最低标准。其次要有良心的标准，这是更高层次了。要问问自己，内心有没有愧：对顾客有没有愧？对家庭有没有愧？对社会有没有愧？对国家有没有愧？对人类有没有愧？

每天睡觉的时候，发现自己今天能问心无愧，我就睡得很好。反之，发现自己有一两件事做得不好，比如因为太认真、太急躁了，今天又脾气不好，怎么做呢？就要忏悔：杨钊，你明天要继续努力。

“吾日三省吾身。”一个人必须反思，自我检讨。通过反思、检讨和总结，你就可以不断进步。

杨锦麟：金友兄，你也分享一下。

李金友：我今年60岁了，算老人。我40岁的时候，中国刚刚改革开放。我的很多养分来自台湾地区。台湾地区曾颁给我创业奖，这是我第一次得创业奖。得奖之后，很多人称我为企业家。其实，我被“企业家”这个名称困扰了很多年。因为我觉得“家”是很严肃的称号，比如会画画的不一定能成为画家，会弹琴的不一定能成为钢琴家。

所以，我那时就在马来西亚办了一个青年创业协会，觉得这样可以帮助社会，帮助年轻人。我办这个会的用意很简单，因为一个人创业的话，至少可以制造就业机会。尤其像曹先生这样做了大事业，可以创造很多就业机会。

事业是要慢慢发展的，不是今天注册公司，明天就能发财。可现在很多人急功近利，这是一个普遍的社会问题。所以我觉得，现在的年轻人要老老实实地先做一个“生意人”。

说到“生意人”这三个字。我查了“生”，《大学》说，“生财有大道，生之者众，食之者寡，为之者疾，用之者舒，则财恒足矣”。老子的《道德经》也说，“生而不有，为而不恃，功成而弗居；夫唯弗居，是以不去。”所以我们做企业的，要有生产力、创造力。

而“意”就更不得了。我们经营企业，意念一定要正，这可以从儒释道三家吸收很多养分。《金刚经》常说“于意云何”，你的意念是什么？比如你制造婴儿产品，要给婴儿吃喝的，怎么可以制造出意念不好的东西？你今天办一个企业赚钱，怎么可以赚钱之后贻害社会？再如今天的很多环保问题，就是意念出了问题。

而“人”，最为重要。“人”的一撇一捺就是真和正，我们要做人该做的事情。怎么做人？刚才我们也谈到，这是很大的学问，要孝悌忠信。我们想想，如果你在家庭中不孝顺父母，不友爱兄弟，吵吵闹闹，就算在外面事业怎么发达，人生还是会出问题的。为什么儒家把孝悌忠信看得那么重要？因为这关系到我们怎么做人。

刚才曹先生说“企业家”不同于商人，我深有同感。我觉得，“生意人”这三个字，其实也包含其中。别人称你为“企业家”，你就要反省：我是不是“家”？

我在马来西亚出生，100块钱起家。可是我比较贪一点，要我的家庭，尤其是我的孩子，做富贵的人。为什么要做富贵的人？儒家说，“不义而富且贵，于我如浮云”。可见，孔老夫子并没有叫你不要富贵，而是告诫你不要取不义之财。

我们学佛，或是学儒学道，如果穷得稀里哗啦，衣不蔽体，食不果腹，那还怎么学？其实，学佛学儒都有助于我们成为富贵的人。如果你学得少，财富少一点；学得中等，财富会多一点；学得高深，你的财富最多。

所以，我觉得要鼓励现在的年轻人做富贵人。但这有三个条件：富而好礼，富而好善，富而好学。至于贵，刚才说到“己所不欲，勿施于人”，还有“己欲达而达人”。每个人一生都会碰到很多贵人。有时爸爸妈妈是我们的贵人，有时老师是我们的贵人，给我们指导、提拔。当你成功后，也要做别人的贵人，所谓“贵己贵人”。

做“生意人、富贵人”，还要有“道德”。“德”者，得也，和得到的“得”同音——有道才能得。你要很多财富，要很多客户，要很多这个那个，都要建立在道德基础上。好像盖屋子要做好地基，把道德实践好，你就能“得”了。可问题就来了：什么是道？

杨锦麟：谢谢金友兄的分享，今天的话题真是很有意义。我们在佛教论坛，用专门的时间来研讨生意人、富贵人。富而好礼，富而好学，富而好善。这个富就是物质基础，所好即精神财富。我想请在座的道源法师也分享一下。

道源法师：谢谢杨老师，也谢谢大家给我一个发言的机会。我从幸福的角度上做一些分享。我出家以前，有一份很好的工作，很好的收入，我很满足，觉得很幸福。跟随师父慧通老和尚出家后，在茅棚修行，老和尚不让我们用手机，甚至连电都不让用，我觉得也很幸福。

后来老和尚以 83 岁的高龄，发愿修复禅宗祖庭“杨岐普通寺”的时候，他来和我谈，要我去全面负责。我对老和尚说：我要想做方丈，当初就不来找您出家了。老和尚说：你要发心，当你成就一个道场，照顾大家用功的时候，你会发现，其实你也很幸福。然后我就到杨岐普通寺负责寺院建设。现在四十多位法师在那儿修持，我觉得自己很幸福。

这可能就是从自我的幸福到利他的幸福。佛门有句话叫“杨岐灯盏明千古”，说到这里，我得感谢杨钊先生。在和杨钊先生交往过程中，寺院成立了“心灯帮扶计划”。杨钊先生说，我们先点亮自己的心灯，再去帮助需要帮助的人。现在，寺院所在地的萍乡市，只要符合条件的孤儿，杨钊先生都会提供资金，由寺院出面对他们进行帮扶，已有近千人受到帮助。在帮扶这些孩子和老人的过程中，他们说，感谢师父，几十年没有人这样帮助我们。所以，在帮助他们的过程中我也很幸福。但利他的幸福要建立在物质基础上，如果没有杨先生的支持，我也没办法帮助别人。

杨锦麟：今天这里是贵人相聚，谈到了另外的话题。现在各种慈善团体林立，成功的企业家对慈善也有更多关注。在座的曹德旺先生、杨钊先生、李金友先生，几十年来舍财舍法，身体力行，这些让我们很感恩。从某种角度上，可以说做慈善蔚然成风。

但有时，做慈善也给我们带来烦恼。很多人做了好事，却招来各种谤议，自己很纠结，不开心，为什么会出现这个现象？济群法师，这是我们的动机不纯，还是整个社会对慈善的理解有误？

济群法师：在做慈善方面，几位大德居士都有很多经验。在贫富差距日益悬殊的今天，慈善可以在一定程度上调节贫富冲突，对社会的健康发展非常重要。但确实有不少人，做慈善做得比较纠结，这是为什么呢？

我曾在复旦大学举办的“让爱心更有力量”慈善论坛做过讲

座，听众都是各地的慈善工作者和爱心人士。之所以举办这个论坛，就是因为不少人在做慈善过程中遭遇了各种困境。这也促使我对这个现象做了一些思考。

我觉得，其中主要涉及两个问题：第一，什么是慈善？比如说，单纯的捐献行为能不能叫慈善？因为捐献背后会有各种情况，可能是出于爱心，可能是迫于舆论压力，也可能有其他动机。如果把捐献等同于慈善，忽略捐献的动机，其实是有问题的。因为慈善的前提必须是爱心和慈悲心，只有立足于爱和慈悲基础上的行为，才能称为慈善。从这个意义上说，慈善也可以称为“慈悲的道德”。

我们可以看到，佛教、基督教都有慈善的传统，热心从事公益事业。这些行为的指导，就是佛教倡导的慈悲，基督教宣扬的博爱。如果以这些思想为立足点，才有可能成就真正的慈善行为。如果把慈悲去掉，把博爱去掉，我们就可能带着世俗的想法或期待去帮助别人。一旦这份期待得不到回应时，事实上，你就会很烦恼，很痛苦。

说到这里，又涉及另一个问题：慈善的核心价值是什么？有时我们可能想着，通过做慈善让自己平安顺利，得到社会的尊重和认可。当然，这些想法是合理的，但并不是慈善的核心价值。

慈善的核心价值，首先是内在慈悲心的成长，以及人格的提升。一个做慈善的人，应该越来越包容，越来越有爱心。现在这个社会，人与人之间往往是无感的，有一种疏离和冷漠。更可怕的是，还充斥着莫名的戾气。而在做慈善的过程中，随着慈悲心的增长，不仅能消除冷漠、隔阂、嗔恨，还能传递慈悲，化解戾气。这才是慈善对自身的意义所在。至于外在的认可、赞扬、尊重，是自然而至的，只是慈善的副产品而已。

杨锦麟：今天的话题已进入更多的核心。曹先生是我母校厦门大学非常了不得的捐赠者，那也是大爱。还有杨钊先生、李金友先生，都做了那么多功德，在华人社会有自己的一席之地。在新的历史时期，整个国家在实现文化复兴，愿景是美好的，但路在脚下——每一步怎么走？

在弘扬佛法过程中，在每个企业家身体力行的过程中，我们怎么定义成功？一样米养百样人，每个人的解读角度不同时，我们怎么有一个比较客观的财富观，怎么做一个生意人，做一个富贵人？

至少，我们要维持一个人或群体、社会的尊严。没有尊严，我们怎么去舍财、舍法、舍无畏？没有慈悲心，我们怎么可能有正确的幸福观？

谈到慈善，曹德旺先生、杨钊先生、李金友先生都做慈善，他们很开心，不纠结，但分分厘厘都算得清楚，因为这样才能施得其法。每个人的人生过程中，我们不去谈最艰难的时刻，那已经过去。我们谈最开心的那一刻，究竟是对财富的分享，幸福的分享，家庭快乐的分享，还是慈善事业中的分享？最开心的那一刻是什么？

杨钊先生帮助了近千个孤儿，那么多孩子叫你什么呢，叫杨爸爸？

杨钊：我有几个开心的标准。第一，知足可以常乐。所谓足，就是按你自己的标准，自己吃穿不愁，家庭生计无忧，又有足够的财富帮助别人。比如助养一千个孤儿，如果你发现，哎呀，我养了这些孩子今年，养不了他们明年，这就容易有烦恼。但你有足够的财富，一千没问题，一万也没问题，你说多开心？因此，开心的首要是知足常乐。

第二，助人为乐。帮助别人这件事，你去感受一下，会发现真的很快乐。

第三，自得其乐。你不要为了让别人快乐，结果苦了自己。自己怎么快乐？要能自得其乐。你喝一杯茶，可以很快乐；看看电视，可以很快乐；去商店买东西，也可以很快乐。

能具备知足常乐、助人为乐、自得其乐这三点，人生就会开心快乐。

杨锦麟：曹先生，看样子你有自己的解读。

曹德旺：讨论慈善的话题，我可以和大家分享一些。我的财富怎么来的呢？我以前拉板车的时候，马路边捡到草帽，把它戴在头上，莫名其妙地发了财。因此我捐了一半出来，快70亿了，在中国，我捐款最多。

中国人做慈善，肯定是比外国人高明，时间也更长。你看儒家学说，还有道家和佛门，都提到做慈善。那么比他们高明在哪里？佛门提出，心怀慈悲，众生平等。刚才济群法师说，首先必须培养自己的悲悯之心，有慈悲才有慈善，是这样形成的。所以做慈善的目的很清楚——坚定地培养自己善良的信念、强大的内心力量——我们做的目的是这个。

众生平等，不仅是你我他，而是卵生、胎生、湿生全部平等，包括三川五岳都在我们的保护范围内。所以，各行各业都不要瞎起劲，哪里开个洞，哪里挖条沟。山川都是有生命的，应该要保护。把大自然破坏了，把我们的生存环境破坏了，还做什么慈善？所以我对做慈善的理解，首先是谦虚、诚实、遵纪守法。无论做企业还是办工厂，都不要造成环境污染，否则要弄得多少人倾家荡产去治病啊。

心怀慈悲，众生平等，那是非常科学的。中国做慈善的历史悠久，不仅时间早一些，动机和目的也非常清楚。为什么我们现在输给欧美发达国家？我捐款就碰到过，因为要交所得税。我就查了一下美国怎么做，发现美国在“二战”结束时，大概七八十年前，才开始有关于慈善的立法。在这之前，政府也反对，百姓也骂，说这些都是假的。现在中国也碰到慈善的转型，因为经济发展到一定程度，需要面对另一个问题，不仅是过去儒家的慈善。

前面是哲学方面的认识，后面是政府要用鼓励的手段，鼓励这些富豪把钱交出来，参与社会调节。

作为企业家还要认识到，要和国家一道发展。因为你发财不是全靠自己的本事，而是国家在转型过程中，扫过去刚好扫到你了。如果不是这样，你还是过去的你，要看到这层关系。现在发达国家用倒逼的方式，让富豪参与慈善。所谓倒逼，就是征遗产税、所得税、利息税，你看要不要交出来？

我们做慈善是为什么？是为了促进和推动社会稳定。因此，我们应该检讨，这么大的国家如何求同存异。我讲话很认真的，批评的时候也喜欢一套一套的。但我们做的时候应该去了解，这些政策到底是什么？中国人现在很急躁，没弄清楚之前，就在网上发表文章，显示自己的水平。结果我们一看，牛头不对马嘴，讲的和客观事实差了很多。

李金友：我 20 岁的时候就赚到第一桶金。在马来西亚的华人，当你有钱的时候都有人来敲门，叫你做慈善，主要是办华文教育。马来西亚今天有 1200 所华文小学，还有中学、大学在传承中华文化，这些就和我们先前办慈善有关。

年轻时，我看到《菜根谭》的一句话："为恶畏人知，恶中犹有善路；为善而急人知，善处即是恶根。"所以我做慈善的时候一直奉行这句话，要低调。有时我们做了慈善，人家要署你的名，你说不留名，好像显得很清高，但也会有纠结。

40 岁学佛后，六波罗蜜的第一条是布施。怎么布施？佛法的最高境界是三轮体空，就是施者、受者、所施物皆不可得。做到这样的话，可以让你豁达，免除纠结。

我来这个论坛，对“同愿同行，交流互鉴”是有些期待的。我觉得，整个中国的和平崛起，中华文化的继承复兴，领导者很重要。这是我个人的看法，不是在捧谁。印度这个国家以前很苦难，但出了一个甘地，大家称他为“圣雄”。十天前，我出席了中国的“减贫与发展论坛”，让我豁然开朗：我们现在讲做慈善，倒不如来提怎样真正地扶贫减贫。

我相信，中国现在做慈善有很多纠结，但不要去管它，就选择一个简单的来做。扶贫和减贫不是单单给钱的问题。这有历史问题，也有大环境的问题。我觉得，扶贫减贫需要大家同愿同行。本师释迦牟尼佛最大的悲愿，就是不愿众生苦，要众生离苦得乐。

慈善的课题，尤其是扶贫减贫，一定要政府主导，然后由我们这些企业家、文教团体共同护持。此外，宗教的力量也非常大。但大家要清楚，就算美国这么富有的国家，还是有赤贫的人口。这就需要通过佛法来探讨——人生为什么这样苦?

中国现在碰到这么好的时机，花最大精力在做扶贫减贫。所以我还要和大家分享一下，扶贫减贫不仅是出钱而已，还要亲自下去。我们讲交流互鉴，如果一个富贵人家的孩子，在家娇生惯养，向爸爸要求买手机买汽车，让他去和穷孩子互鉴一下。那么，这个孩子很快可以得到教育。而且我相信，我们来这里参加论坛，可以汇聚众人的力量，因为六千万是个很大的数字。

我很早就来中国了，那时是1987年，马来西亚国民还不能来。我跟一位副首相来，和中国的副总理有过交流。我那时很年轻，30岁，才知道中国之前真有穷到饿死的，听着都流眼泪。今天很多年轻人已经忘记了这事，可这是事实。所以，我们特别需要“同愿同行，交流互鉴”，在扶贫减贫这方面，跟着政府做点实事。我非常喜欢“构建人类生命共同体”这句话，就像佛家说的“众生平等”。

观众互动答疑

杨锦麟：今天这个论坛第一次讲到政治，而且评价来自马来西亚的华人，让论坛多了一分殊胜。现在我们把话题拉回来，在座几位嘉宾的分享，我发现有个共同特质，一是谦和，二是敬畏，三是平常心。

在座几位都是闽粤的。东汉时有人说“闽人多阉”，但今天大贤大德都出现了，这也是中华民族难得的盛世。我们要放眼天下，所以还是要有互动，让今天在座的朋友、修行者来共同关注这个话题。

观众：今天的主题是佛教与企业文化。我想问的是，如何把佛教的文化和精神落实到企业文化中？因为我们公司有60%是佛教徒，对这一点我很关注。我想请济群法师和曹德旺先生回答。

济群法师：在座几位大德居士都是佛化企业的践行者，从某种意义上说，他们来回答这个问题，应该比我更有说服力。刚才曹居士提出他做企业的信念，事实上也是践行佛法的过程——把佛法智慧落实到内心，变成自己的信念，然后再带着这样一份信念去做企业。进一步，让更多员工也能拥有这样的信念，拥有这样的道德准则。我想，具体应该由几位企业家来谈。

曹德旺：佛教有分等级，如人天乘、声闻、缘觉，还有菩萨乘。作为做企业的人，当我们仅处在人天乘的阶段，也就这样的水平，千万不要认为自己是菩萨了。如果这样认为以后，又呼唤来一些人，结果会怎样？就好像你走过寺院，看到人家在那儿跪拜——今天是佛祖生日，仅仅这个水平而已，根本还谈不上用佛法理论来做企业。

佛法讲什么呢？就是教你怎么做人。真正要成佛，必须经过六度，从布施到最后的般若。般若又分不同层次，一是有相般若，带相的，能够讲出名字的智慧，用现在最简单的话来说，就是“上知天文，下通地理”。你能有这个水平，做企业家就没问题了，是不是？不要说用佛法的道理来做——难！因为你没有这个水平。我自己也没有这个水平，我都快退休了，还没有修到这个水平。

那要怎么办？不能只是道听途说、人云亦云地讲两句。这样的问题，首先给自己的定位要准确。我看过一篇文章，写金庸笔下的人物“石破天”。石破天是傻瓜，草莽英雄，没什么思想，但有一个特点，对天下所有人都相信，认为所有人都是对他好的，没有人害他，其实他后面都是准备打他的明枪暗箭。就这样一个人，他后来成功了，成为江湖的一把手。

我认为，金庸写的就是正信。作为企业家，最简单的办法——信！信法律的尊严，信道德的存在，信客户是最值得尊重的上帝，信员工是你的左右手，你说对不对？如果用佛法来治理的话，佛门提倡持戒，要戒掉贪嗔痴慢疑。我认为儒家也是这样的，只是提法不一样，是仁义礼智信。

所以，信非常关键。对一个人来说，如果你对谁都不信，肯定死。有人担心，信了被人家骗怎么办？其实，骗也是你错，不是他错。因为起码你自己不自信，而且内心不强大，不够水平，才会被骗。

杨锦麟：被骗不是施，记住。踊跃发言非常好，来，介绍一下自己，提问题，不要发表见解。

观众：我是中国佛教协会《法音》编辑部的陈星桥。我在佛教界几十年了，佛教的商业化，是被老百姓包括信徒非常诟病的，我们身在其中也能感受到。灵山公司应该说在国内运作得比较好，虽然是商业团队，但有宗教信仰，有文化底蕴。可国内想学它的，

90% 都学得很失败。当然，它是企业可以这么做，如果寺院这么运作的话，恐怕会把佛教扭曲掉。我想请济群法师就佛教的商业化谈一谈，怎么在促进佛教文化良性发展的同时，避免商业对佛教神圣性资源的损害。现在，国内好多名山大寺被商业集团绑架了。杨居士在佛教界做了很多事，应该很了解，我也想请你对这个问题做一些分享。

济群法师：首先要明确，这和今天的“佛教与企业文化”不是一个问题。当然，商业化确实是当今佛教面临的重要问题。包括最近的少林寺风波，也和这种商业化有关。

佛法是人生的大智慧，对国人的心灵建设，包括世界观、人生观、价值观的建设非常重要。但在今天，各种风波带来的负面影响，正使这个品牌不断被贬值。它所带来的，不仅是佛教的损失，更是整个社会的损失。

如果民众没有这样一种智慧作为心灵建设的源泉，那么，人生的出路在哪里？社会的出路在哪里？国家的出路在哪里？我觉得，这种智慧正是复兴中华民族、实现中国梦的关键所在。

作为佛教来说，还是要正本清源，回归到它的基本职能，那就是修行和弘法。教界之所以有这么多问题，正是因为修行上不去，且弘法教化的功能不足。这一方面有教界自身的原因，另一方面也有社会环境对佛教的影响。所以，佛教界要以加强自身建设为根本，同时，希望社会对佛法智慧的意义有充分认识，进而给予正向、积极的推动。至少不要在不了解真相的情况下妄议是非，甚至大造口业。这样，才能保障佛教的健康发展。

杨锦麟：济群法师讲得很委婉，很含蓄，但说实话，大家也听得明白，这是所有出家和在家修行者要面对的。佛教东传而来，在我们这块古老的土地上，经过了多少次起起伏伏，我们都有责任去面对它。

杨钊：关于这个问题，第一，我所护持的寺院都是赢的，因为我无所求。不论是帮助企业还是寺院，我布施过的，从没想过要回报一块钱。因为我是无所求的心，所以就不存在亏本的问题。

第二，不是任何人来，我都会布施的。我一定要看，这个寺院是不是具备那个缘。所以有人说，为什么你一会儿全力支持，一会儿一点都不管呢？我真的是这样。

我的标准，一是有没有具备发心的人才。我的发心就为社会，如果你出来承担，也要真的发心为社会。二是有没有智慧。如果只有发心没有智慧，也是不行的。三是有没有缘。虽然很有心，也很有智慧，但他没福气，人家也是不买账的。四是看那个地方，主要就是有没有场。如果“法财侣地”四缘具足，我就会放在每年的资助规划里，而且全力支持。我们共同去做，一定是成功的。我对于企业和佛教的关系，是这样处理的。

杨锦麟：这个很超脱。因为他无求，很难得。在座还有哪一位朋友来？

观众：今天的论坛大德云集，非常殊胜。我们作为合作方也觉得非常荣幸。我在这里想问马来西亚的李先生，这场论坛中提到一个实际落实的问题，也就是说，把“同愿同行”的论坛主题和“大道大商”有一个具体结合，再发出为中国减贫，这个非常有价值。同时我联想到，赤贫的家庭中，一定面临失教的问题，又与文化传承、佛法弘扬，以及未来下一代、下下一代的培养有关。请问李先生，在这方面，您对于自己今天的呼吁，有哪些比较具体的可操作的构想？在这里传播出去，应该会有更多的人响应。

杨锦麟：金友兄，我觉得你可以把它具体化，因为腾讯的公益基金钱很多，你提好的话，它能够加入。

李金友：我们做好事的话，必须要有人力、财力、物力。有些事情，其实危机也是机会。我昨天和济群法师见面时提到，在经商方面，尤其这二三十年，中国都是在学西方，这无可厚非。可我觉得，我们要有自己的东西。西方人提“经济”，等于是做企业。可中华文化的“经济”这两个字，我曾在前面加一个“以”，后面加一个“之”，即“国泰民安，以经济之”。经是什么经？佛经。

比如我们谈到，很多问题都是人心出了问题，所以佛教有《心经》。经也是道路的意思，就像车有车的道路，“经”就是我们人生的路。那么“济”呢，法师的名字叫“济群”。我们学到了，有了这个经，解决了自己的很多问题，接着就要去“济”，去帮助群众。

我觉得在社会中，医院、学校、道场这三个领域，虽然可以创造利益，但见利要思义，不可以见利忘义。这个义是什么？就是用你产生的利益去救助贫苦大众。西方有很好的制度，做出法律规范，学校可以收费，但不能盈利。如果收费有盈余的话，可以用来提升老师的素质，提升学校的设备，但从来没有个人可以从中盈利。这些，我觉得可以借鉴西方。

我们现在要扶贫，我觉得在中国，钱是没有问题的，问题是心和方法。现在中国有个很危险的习惯，每次朋友请吃饭，人离开了，有的东西还没吃完。马来西亚也有很多富有的人，这在我们的传统里是不能接受的。但在中国的大江南北，这种现象比比皆是。怎么改变或调节这个情况？比如我们吃饭时，你消费 3000 块，会自动捐 30 块，就可以帮助一个穷困者。

我 60 岁了，想找一批志同道合的朋友。我们训练年轻人，帮他去做生意。他做了生意后，本金要还回来。然后我们再用这个本金去帮助第二个年轻人。另外，你的公司还要给我 20% 的利润，我就用这 20% 来周转。这是我个人想做的，回应你这个问题。

杨锦麟：扶贫是世界性的问题，减贫也是世界性的问题。这是我们论坛之后，另一个思考的话题。在座还有哪位要提问的？

观众：感恩各位师长大德，我主要想问济群法师一个问题。据我的观察，现在的中国，很多学佛居士对佛教的认知，还处在迷信的阶段，甚至说邪信也不为过，正知正信是极少数。我一直在思考，得出了一个粗浅的结论。人有三观——世界观、人生观、价值观，有的人三观是混乱的，所以在信仰方向上也是混乱的。比如他可能根本不承认轮回因果，但又在学佛，这是矛盾的。请法师开示，怎样指引这些居士走向正信之路？

济群法师：随着社会的发展，民众越来越关注精神、心灵方面的问题，对佛法有需求的人也日益增多。目前，佛教界在弘法上总体还是显得不足。另外，佛法博大精深，学起来确实很难，没有引导的话，多数人往往会无所适从。所以，我也一直在探索，如何让大家有效地学佛。

首先要有次第。就像我们读书，是从小学到中学、大学，逐步深入。中国的禅宗讲究顿悟，要“直指人心，见性成佛”，但除非你是上根利智，多数人都需要次第前行。

其次还要有方法。现在学佛存在两种情况，一是偏于理论，学了很多道理，但用不起来。二是盲修瞎炼，虽然每天念经念咒，但没有见地作为指导，不懂得怎么用心，只是机械地做各种事，流于表面。这就涉及知和行的结合。如何把佛法智慧变成我们的认识，以此建立我们的人生观、世界观、价值观，再用这些观念去修行，去指导生活，待人接物，需要有一系列具体的落实方法。

我目前形成了一套课程，叫“三级修学”，立足于“菩提书院”这个平台，大家可以通过我们的网站来了解。按这套课程来学，一步步往前走，次第会比较清晰。如果有目标，有方向，有方法，有氛围，学佛就变得比较容易。

杨锦麟：时间关系，再有请最后一位提问者。

观众：非常感恩这次“大道大商”的论坛，今天这个主题非常好。我有两个问题：第一，何为大道，道是否有大小？第二，我想请教曹德旺先生，从他的角度来定义，何为大商，商是否有大小可论？

曹德旺：道没有大小之分。孔子问老子，什么叫道？老子答复他，道在地球没形成之前就已经有了。不论大道小道，它是一种无形的东西，是无处不在的。商也没有分大小，但企业有分大小。我也是小企业出身的，你现在比我年轻的时候还有派头。

中国人写东西喜欢押韵，所以有“大道大什么”。其实，道是没分大小的。作为道，是非常神圣的，是不可侵犯的，任何人都不能颠覆。

济群法师：我接着曹居士的话补充一句，道是没有大小的，但因为这个世间有很多小道，包括小道消息，所以才假名为“大道”。

杨锦麟：今天谈的是“大道”，是大道之下的佛法弘扬，也谈到每个企业家对成功、财富、利益、慈善、幸福的看法。虽然这只是一个开头，但能开一个头，我觉得就很了不起。在论坛即将进入尾声时，请每位讲者对今天的发言，用一句话做一个小结。

杨钊：作为一个企业家，路在何方？路在脚下。

李金友：做一个简单的生意人。

曹德旺：人生真谛是“信愿行”。

济群法师：希望我们通过继承传统文化，包括佛教文化、儒家文化，对成功、幸福、利益、慈善等人生问题有重新的认识，重新的定位，为中国社会的未来发展提供一种智慧引导。

——本文根据对话录音记录

以智慧经营企业

经营企业与经营人生

在竞争中摆正心态

嘉宾：佛教倡导利他，但做企业都会面临激烈的竞争，怎样在竞争中摆正心态？

济群法师：竞争靠的是实力，而不是靠硬争。怎么具备实力？关键是从各个方面做好当下的工作，也就是佛教所说的因上努力。至于心态，区别主要在于用竞争的心还是服务社会的心，结果将完全不同。带着服务的心，就能得到社会认同，还会招感志同道合者的参与，做起事来自然顺缘具足。反之，带着竞争的心，势必有很多人和你竞争甚至对立，就会越做越辛苦。从事情本身来说，没有竞争的心，未必就做不好。事实上，当我们以平和的心态看待问题，才能客观地审时度势，做出智慧选择。

嘉宾：对于社会上的各种竞争，我常常心有挂碍，做事比较保守，缺乏勇气和魄力，担心经营不好企业，怎么解决这个问题？

济群法师：经营企业只是人生的一部分，不等于经营人生。我们要站在经营人生的高度看问题，而不仅仅是局限于企业本身。对于企业来说，必然会面临市场竞争，这是正常的。这些年有大量企业倒闭，也有一些企业发展迅速。作为企业主，我们既不能盲目自信，也不必妄自菲薄，而要高瞻远瞩，看到社会的痛点，看到市场需要和发展趋势。有了前瞻性，才能站在时代前列，先人一步。如果被动地参与竞争，那是很辛苦的。另外，只要带着利他心、供养心服务社会，就能广结善缘。总之，我们不必带着竞争意识去面对市场，而要本着学习的心态做好分内事，在打造产品、提升实力的同时，进一步加强管理能力，优化运行机制。把这些都做到了，就没什么需要担心的了。

以出世心做入世事

嘉宾：解脱道修行表面看是消极出世的，而大乘菩萨道修行是以出世心做入世事，那么，有没有什么标准可以衡量，我对世间法的出离是良性的，尤其在物质、情感等层面？

济群法师：我曾在《佛教徒的人生态度》中谈到学佛的八个常见问题，其中包括对消极和积极的解读。这个问题是相对的，参照点不同，就会得出不同结论。世人往往以事业、财富、家庭、感情为坐标，以追求这些为积极，否则就是消极的。声闻行者认识到生命真相后，主动放弃世俗追求，以“我要追求真理、战胜烦恼”为目标，而不是随顺轮回串习。从某种意义上说，他们是更积极的。

作为在家居士，既要学佛解脱，又要照顾生活，很容易非此即彼，要么入世太深，要么不负责任，都不是正确的态度。从大乘修行来说，两者并不矛盾。如果我们在履行世俗责任的前提下发菩提心，有次第、有系统地闻思教理，再辅以相应禅修，就能把生活和修行统一起来。过好世俗生活是需要智慧的，不是说入世很深就能过得开心。事实上，社会上很多人都是因为深陷其中而痛苦。

有人说，如果没有佛教，中国人会过得很辛苦。因为儒家文化缺少出世的一面，而过分入世的话，得意时执着，失意时不舍，得失都放不下。而有了佛法的智慧引导，就能在积极入世的同时，保有超然的心态。得意时不粘着，失意时不失落，因为这些都是因缘使然，只要尽到自己的努力，就能坦然接纳一切结果。所以出离心并不是让我们离开世间，而是有智慧地过好入世生活。至于这种出离是不是良性的，从菩萨道的修行来说，在于能不能提升为菩提心；从世间法的标准来说，在于能不能承担应尽的家庭、工作和社会责任。

修行就是在不断收编股权

嘉宾： 刚才导师说，要有终极使命，我自认为有，但在学习过程中不断反转，有时还给自己找偷懒的理由，不知是习气、业力还是什么原因？如何在菩提路上坚定地走下去？

济群法师： 我们内心有很多需求，即使建立起高尚志向，也不是唯一的，还会有很多力量抢占心灵频道，其中包括习气和业力。要使这个正向目标成为主导，至少要有百分之六七十的股权。我们现在学佛不久，虽然知道这件事很重要，但它在内心的股权远远不够，甚至不到百分之五，想让这个小股东当家做主，做得到吗？

我们每重复一种心念和行为，就意味着把生命能量赋予其中，所以重复什么特别重要。如果缺少智慧，总是把能量赋予烦恼和负面心理，让它们取得发言权，心行当然会不断反转。从某种意义上说，修行就是不断收编股权的过程，让正向股权从百分之五增长到百分之五十以上，才能拥有决策力，决定生命方向。

风水和慈悲，谁更重要

嘉宾：《易经》重视风水，而佛教认为慈悲才能带来福报，两者矛盾吗？有哪些可以交集之处？

济群法师：风水是古人对人类命运和世界发展规律的总结，这和佛法并不矛盾。佛法的缘起说就是告诉我们，营造不同环境，会给人带来不同影响。比如传统商业以产品为主，但现代商业讲究“人货场”，把场营造到位，就能激发顾客的购买欲，并增加用户黏性。

其实风水也是一个场，是以外在环境影响我们的心，并非无稽之谈。但在佛法看来，这只是决定命运的众多因素之一，根本还是在于心的作用。如果仅仅改变风水，不从心上改变，只能起到暂时的作用，不能从根本上解决问题。而心可以主导行为，进而形成习惯乃至业力，这才是生生世世影响我们的。

以慈悲心修利他行，就是在积累善业，可以使自己越来越有福报，也使环境和人际关系变得更好。反之，如果没有正确的处世观念和行为，就会造作不善行，带来种种麻烦。所以重点是改变心行，这才是一切问题的根本所在。至于风水，并不是不要注意，但不要变成风水决定论，好像一切都会随着风水而改变。我们把主次分清楚，抓住根本，再以风水辅助，也是挺好的。

事业和修行，何去何从

嘉宾：我现在从事营销行业，需要应酬的地方比较多，但自己又不擅长应酬。特别是持酒戒之后，有时因为业务需要请人家吃饭，很尴尬，不知道怎么更好地维系关系。到底我是逃离环境，还是在这种环境下调整自己，既做好事业，又保证修行？

济群法师：世间的道路很多，不是唯一的。所以首先要确定，这件事是不是适合你？有没有其他选择？如果有其他选择，可以尝试更适合自己的；如果没有选择，就在现有环境下调整。说到应酬，现在政府已经限制官员喝酒吃饭，从大环境来说比过去更有利。在业务往来中，虽然喝酒吃饭是一种常规应酬方式，但也不是必需的。如果你与对方合作时讲究诚信，同时有利他心，不仅考虑自身利益，也考虑对方利益，对方确认你做人有原则，靠得住，是难得的合作伙伴，其实喝不喝酒一点都不重要。当然建立信任需要过程，只要你表现出足够的诚意，让对方按下“确认键”，就不需要借助应酬来沟通了。

倡导道德需要氛围和引导

嘉宾：如何在企业做好道德建设，让大家自觉遵守？

济群法师：倡导道德需要氛围。当整个社会不重视道德时，人们就会觉得：道德值多少钱？我为什么要遵守道德？别人都不讲道德，我不是吃亏吗？那样的话，落实起来就有难度。所以我们要把道德建设纳入企业文化，有了氛围，大家才会自觉遵守。怎样营造氛围？必须在观念上加以引导，主要有两个角度。

首先，强调道德的个人价值，再强调社会价值，让大家知道，道德最大的受益者就是自己，这样更容易产生认同。生命是由种种心理模块组成的，道德正是组成这个产品的优秀原料。我们希望自己有美好的生命品质，就要在原料上把关，选择合格而非有瑕疵的原料。其次，道德属于正向心理。现在很多人被心理疾病所困，其中的重要原因，就是过于自我，不重视道德，从而使内心狭隘、封闭，引发种种问题。而道德可以为生命注入正能量，有助于心理健康。

当我们通过引导，在企业营造道德氛围，使身处其中的人感受到这么做的利益，就能上行下效，互相增上。我们倡导佛化企业，就是希望企业家们通过对智慧文化的学习和实践，在企业营造道德、利他的良好氛围，让员工在工作的同时，心灵得到滋养和成长。进一步，把这样的正能量带给社会大众。

换个角度看人生

经营企业与经营人生

2019年11月17日，济群法师在苏州西园寺，与前来参学的企业家们举行论坛，探讨佛法在当代社会尤其是企业中的运用，本文是济群法师在论坛期间为大众答疑解惑的录音整理。

情感危机的出路

嘉宾：我的职业是情感导师和心理咨询师。两年前，我和同行辩论说：心理学解决不了人的心理问题，更解决不了情感危机。很多同行反对，昨天我在法师这里找到了确定的答案。

造成情感危机主要有四个因素。一是心理问题，是由内心的不安、执着、依赖、期待导致，爱和恨都是魔鬼；二是情感本色退化，男人像女人，女人像男人；三是孝道的丧失，如果夫妻能孝顺彼此父母，不用特别维系感情，婚姻也会和谐；四是信仰的缺失，因为不懂得人生意义，导致精神空虚，就以物质和性来填补，使婚外情日益泛滥。但在情感行业，非但没有对人有正确引导，往往还教人变坏。比如有的咨询机构引导第三者上位，或是推动那些毒瘤般的关系复合，让无法共同生活的两个人继续维持这段关系。怎么解决这些乱象？

济群法师：现在中国离婚率很高，是情感危机的重要体现。佛法强调缘起，认为一切现象都是由众多因缘构成的。情感危机不仅是个人的事，还有其社会环境和文化背景。从这些方面着手，才能为情感关系奠定良好基础，主要有以下三点：

第一，传承儒释道传统文化，加强防范机制。如果我们有佛教信仰，就会以戒律自我约束，而不是纵容欲望和习气；如果我们接受儒家文化，就会重视家庭和夫妻的伦理，知道哪些原则不能逾越。否则往往会跟着感觉走，而凡夫的感觉是错乱的，很容易错上加错。

第二，践行孝道，作为婚姻和情感的保障。中国传统社会重视宗族关系，那种几代同堂的氛围，本身就是婚姻的堡垒。而且婚姻是两个家族的事，变更成本很大，让人必须从整体考虑问题，会更有担当。现代社会主要是小家庭，和双方亲友的关系很松散，看似多了自由，其实少了责任和保护，很容易因为冲动行事而破坏婚姻、伤害感情。践行孝道不仅能培养感恩心，还能使人在家庭中学会换位思考，知道和谐相处需要做些什么，怎样才能在这种关系中自利利他，而不是以自我为中心。

第三，修身养性，自尊自律。现代社会崇尚个性解放，加上随处可见的声色刺激，在这样的大环境下，很难不受诱惑。尤其在有钱有权后，诱惑更是随之升级。必须加强自身道德建设，建立精神追求，才能在任何对境中保持定力。这不仅是对情感关系的保护，也是对自己最好的保护，否则就会被欲望绑架，结果害人害己。

做人为本的教育

嘉宾：我做教育二十年了，以前只要抓好教学，学生都很上进，家长和用人企业也满意。但这两年，啃老的孩子越来越多。这些学生与老师或外人交流都没问题，但和家长沟通时态度恶劣，一言不合，或要钱不能满足，就玩失踪。很多家长带着期待把孩子送到学校，希望我们能教育好。本着这样的责任，我们陆续开展了传统文化的学习，让学生加强修养，但效果并不理想。今年我家师兄做了禅意空间，开了好书精读，对学生免费开放，希望通过空间氛围和读书会影响他们，好像也没怎么见效。怎样可以帮助这些学生和家庭？

济群法师：教育是多方面的，在这个问题上，学校教育只能起到部分作用，而不是全部作用，更不能代替其他教育。在一个人的成长过程中，首先是家庭教育，其次才是社会和学校的教育。家庭中，父母能给予孩子什么样的引导？能给孩子做人的教育、生命的教育吗？有的父母普遍对孩子一味溺爱，是导致啃老现象出现的重要原因。国外很重视孩子的独立性，教育也是以帮助孩子独立成长为目标。其实动物界也是如此，把幼崽带到一定时候，就让它们独自谋生，而不是无休止地养育下去。作为父母，如果在亲子教育中缺少智慧和科学方法，不能培养孩子的独立性，从某种意义上说，可能是害了孩子。所以学校要和家长充分沟通，取得配合，而不是把教育责任都揽过来，否则很难见效。除了家庭影响，另一方面的困难在于，整个社会充斥着种种诱惑和错误观念，无形中给孩子带来众多不良影响。这是全社会需要关注和反思的。我们倡导人生佛教，正是为了在这方面尽一份力。

至于学校教育，首先要教会他们怎么做人、怎么独立，这才是最重要的。现在从老师到家长关心的，无非是文化知识、技能教育，或是让孩子学些才艺，普遍缺乏做人和心智独立的引导。如果不懂得怎样成为合格的人，这些知识、技能、才艺很可能起到负面作用，甚至被用于作恶，成为“精致的利己主义者”。在未来社会，生命教育才是最重要的课题。随着科技发展，物质生活已不成问题，最大的问题在于人自身。我们有没有健康的心态在社会上立足？能不能面对外在的各种境界？不仅孩子需要教育，成人同样需要教育。现在心理疾病患者日益增多，原因就在于长期以来不重视心理健康，没有相应的道德建设和精神追求，这样的心灵世界是很脆弱的，很难在这个瞬息万变的社会过好。

至于怎么用好传统文化，让孩子们感兴趣、愿意学、有效果，一方面要注重内容选择，另一方面要结合受众特点，以他们喜闻乐见的载体来呈现。这点非常重要。同样的内容，如果以不同角度来解读，或是以不同方式来传达，效果完全不同。佛法的契理契机、教育的因材施教都说明了这一点。作为一线教育工作者，要在发心利他的前提下积极探索，积累经验。

命自我立的规律

嘉宾：我参加活动最大的感受是，正念本身存在于心中，只是需要被唤醒，感恩西园寺给我们提供了返璞归真的机会。我的问题是，很多时候我到了新环境会问自己：我为什么来这里？为什么是我？接触佛法后，知道了生命轮回。现在我遇到选择时就会想：如果我做了不同选择，命运走向就会不同，这和命中注定或生命轮回似乎有点冲突。关于命运去向何处的问题，希望得到开示。

济群法师：人到底有没有命运？宿命论者认为现有一切皆为前定，也就意味着，当下努力是没意义的。这并不是佛法的观点。佛法虽然认同命运有一定规律，但只是遵循由因感果的法则，一旦因被改变，果也会随之改变。在我们成长过程中，认识会决定想法，想法会导致行为，行为会积累习惯，习惯会成为性格，性格会造就人格。虽然“江山易改，本性难移”，但不等于不能改变，而是要找到源头，从根上改变。

命运的源头在哪里？谁在决定这一切？宿命论认为是超自然的外在力量，神佑论认为是作为最高主宰的天或神。但佛法告诉我们，命运就掌握在自己手中，由想法、行为、习惯、性格决定其走向。我们要改变命运，同样要从认识开始，以佛法智慧建立正确的世界观、人生观、价值观，改变思考问题的方式，导向积极利他的正向行为，以此重塑我们的习惯、性格、人格。只要改变观念和心态，每个人都能改命转运，所谓命自我立。

从佛法来说，每个选择有其心行基础。如果我们建立新的观念和心态，就可以改变选择。进一步，又以这个选择为因，导向新的结果。人生如舟，而我们无始以来积累的业力就像洪流，如果不把握主动，就会被业力牵引，水冲向哪里，舟就漂向哪里。只有去掌舵，才能改变方向。

修学路上的引导

嘉宾：我2012年读到济群法师的《心，人生的导演》，当时特别有感觉，但兜兜转转，去年才来到西园寺，今天是第三次来。我原来做了个小公司，执着于挣钱。后来走不动了，觉得工作、生活、家庭未必是钱可以搞定的，不知道挣钱的意义，甚至不知道人生的意义。于是被逼停，开始学习儒释道，但走了很多弯路。请问法师，修行路上是否一定要有善知识引导？

济群法师：现在商品市场很混乱，充斥着各种假冒伪劣产品，使人深受其害。其实精神市场同样混乱，除了传统文化，还有附佛外道、民间迷信，国外传来的各种身心灵课程也是鱼龙混杂，一旦误入歧途，后果严重。要知道，普通产品只会带来暂时的物质损失，但精神产品的危害是长久的，如果因此形成错误观念，就会影响今生乃至生生世世，所以选择信仰时要特别谨慎。初学者未必有辨别的智慧，最好选择世人公认的传统信仰。比如佛教，已经过两千多年的传承，被无数智者用实践检验过，只要方法正确，这种学习是有效且可靠的。

但学佛并不容易，有汉传、南传、藏传三大语系，仅汉传就有一万多卷经论，每部都那么高深难懂，讲的还不一样，怎么学？如果找出家师父，可能这个叫你念经拜佛，那个叫你参禅打坐，怎么修？我 40 年前开始上佛学院，此后一直致力于教学和弘法，看到太多人修行中存在的困难，以及走过的弯路。通过多年思考，我们总结并推出了三级修学模式。十年来的实践表明，这是一套行之有效的方法。按照这个次第，就能像读书一样，从小学、中学到大学，逐步深入。

修行不是一个点，而是从迷惑走向觉醒的道路。这条路怎么走？有哪些站点？用什么方法完成各站点的修行？三级修学所做的是，引导大家抓住要领，明确次第，同时以一群伙伴营造氛围，彼此增上，而不是靠自己东看一下、西看一下。在基础的人生佛教部分，重点是把佛法智慧变成自身观念，以佛法看待并解决人生、社会存在的各种问题。具备一定正见后，下面的路怎么走？我们正在开发应用程序，装上这个菩提导航，就能掌握整个修行路线，知道每天学什么，修什么。其中还包括心理检测、人格模型，既可以看清目标，也可以自我对照，知道自己要打造什么样的生命，做到了哪一步，还要怎么努力。

直面生死的抉择

嘉宾：这两天的学习非常开心，找到了回家的感觉，感恩所有师兄的付出。我想请教，如何智慧、理性地面对死亡？我父亲是军人，今年八十多岁，身体到处都是问题，是我一次次把他从重症监护室救回来，但他其实很痛苦。我这么做到底对不对？应该如何面对这样的情况？

济群法师：这是一个非常重要的问题。我们究竟要活得有质量，还是好死不如赖活着？中国人的观念是回避死亡，既然回避，自然是想尽办法地活着。包括亲属也是，不管病人多么痛苦，都得设法让他活着。否则的话，非但于心不安，也会担心舆论压力。但我们很少去想：这么活着的意义是什么？在全球死亡质量报告中，中国排在第71位，属于倒数几位。这个排名是根据能否善终及医疗保健环境、人力资源、人们对服务的负担力、服务质量、社会参与等因素统计的，不仅是对客观条件的评估，同时也说明我们的死亡观存在问题。

当一个人患有无法治愈的疾病，经过正当治疗无效，并确定后续治疗没有意义，只会给病人带来痛苦，甚至活一天就痛苦一天，活一小时就痛苦一小时，是否用这种加剧痛苦的手段，让病人维持没有质量的生命，还是从精神层面帮助他，让他平静地走完人生旅程，需要病人和家属达成共识。这么做的前提，是双方对死亡有正确的认识，同时还要学习临终关怀的内容，知道做什么才能有效帮助对方，让他安详离世。

佛法告诉我们，生命是生生不息的，死亡只是今生的结束，同时也是新生的开始。当一个人走向死亡，同时也意味着你会去往哪里。在这向死而生的过程中，临终一念将起到重要的导向作用。如果临终者以良好的心态接纳死亡，带着善心和正念离去，将使往昔善业成熟，导向善趣。反之，如果带着痛苦、不甘甚至仇恨的心态，就可能导向堕落。

当病人和家属了解这些道理，树立正确的死亡观，知道这是生命的必然结果，未来还会继续轮回，重要的不是多活几天，而是带着什么心死，就能做出理智的选择，而不是陷入救不救的两难中。可以说，这是一场躲不过的考试，我们与其痛苦地拖延，不如为怎么考做好准备，这才是真正有用的。

人际关系的协调

嘉宾：我有两个问题。第一，有位做行政的师兄发心在企业做读书会，他们是做服装加工的，有两万多名员工，但老板觉得学佛是60岁过后的事，他不知如何让老板接受读书会，把佛法智慧传进企业。因为我们企业办了读书会，我也走访过其他几个读书会，感觉效果不错，觉得很有必要替师兄请教这个问题。

第二，现在大湾区不少企业在业务发展上有了新机遇，和一些有实力的合作方合作。我们原来考虑的是强强联手，但在合作过程中发现，股东们运营企业的方法不一样，彼此很难和谐共处。但现在已经合作了，都有投入，应该怎么办？

济群法师：第一个问题，如果我们要在企业推广读书会，加强传统文化建设，但又不是最高领导，肯定要取得企业主的认同和支持，否则是做不起来的。怎么得到认同？首先要有足够的理由说服对方，让他了解到这些智慧对企业文化的重要性，可以让企业从高层到员工统一信念，更有善心和道德感，从而增加企业的正能量和凝聚力。在具体实施时，要有选择地重点打造，营造生态氛围。良好的开端是成功的一半，只有做出效果，才更有说服力。大企业通常有文化讲堂，可以举办讲座等活动，在内容上要循序渐进，先选择与世间法，尤其是企业管理相关的，如稻盛和夫的经营哲学。形成氛围后，再把我们要推动的读书会内容带进去。总之，要注意方式方法，善巧引导。

第二个问题，对合作来说，选对人非常重要，不仅要考虑对方的实力，还要考虑彼此的诉求和信念，如果在这些基本问题上观念不同，只是出于眼前利益走到一起，是很难长期合作的。如果已经合作，但发现不那么合适，就要考量是否属于原则问题，是否有继续合作的基础。如果还有一定基础，必须明确运作规则，不能稀里糊涂地合作。规则明确的话，不是你听我的，也不是我听你的，大家都是听规则，这样才比较好办。

担当和放下都需要智慧

经营企业与经营人生

担当和放下都需要智慧

问：我现在26岁，老板说在这个年龄应该拼命工作，尽快上升。我平时工作很投入，生活的90%都是工作，但有时会觉得这么拼干吗，想把一切放下，去做自己想做的事，更有意义的事。我的困惑在于：如何平衡工作和生活，让身心健康发展？学佛会有什么帮助？

济群法师：这个想法很有代表性。很多人对当下的生活现状不满，觉得不该把自己变成工作的奴隶，赚钱的工具，在无止境的忙碌中疲于奔命，却看不到这么累的意义所在。如何改变这一状况？必须确定自己究竟要什么。很多时候，我们虽然不甘于现状，但也不清楚自己要的是什么。如果真有自己很想做，或觉得很有意义的事，是不难做出选择的。可很多人并没有认真思考过这些，而且对现有工作依赖惯了，既想有所改变，又担心改变需要付出的代价，也不知道新的选择能否如己所愿，就会陷入患得患失和纠结中。这就需要对每种选择的利弊得失加以评估，其中最重要的，是做出人生规划。可以说，这是职业规划的前提。因为职业只是人生的一部分，是自我成长和造福社会的途径，本身不是目的。

学习佛法智慧，可以帮助我们认识人生意义，确立终极目标，知道自己要成为什么，又该为实现这个目标做些什么。学佛不是让我们放弃一切，而是引导我们看清什么更有价值，以智慧做出选择。对具体工作来说，当我们通过学佛减少执着，学会以因缘因果看待并处理问题，同样的工作，也会因为观念和心态的改变做得更轻松。所以学佛的帮助是多方面的，既有方向性的引导，又能落到实际事务中。

活着为什么

问：我在网上看到有个10岁的孩子，很优秀，连跳三级到了初一，可他突然给父母写了退学申请，不希望把时间浪费在无穷的考试中，认为这毫无意义。他说很多人读书就是为了上重点高中，然后上大学，实现远大理想。可这些抱负一定好吗？比如科学家发明原子弹，反而给世界造成更大的灾难。他的理想是和心爱的女孩一起浪迹天涯，哪怕砍柴、捡垃圾都行。我问同样读初一的儿子，是否同意这个观点？儿子说同意。我问他：你有没有想过，光靠砍柴、捡垃圾，能养得起家吗？儿子说：大人整天说读书就为了上大学，上大学就为了找工作，找工作就为了成家，成家就为了生孩子，生孩子就为了再让他读书……重复这样的生活，到底为了什么？我不知怎么回答，很烦恼，请法师开示。

济群法师：这个孩子还挺有悟性的，但他只看到人生的荒谬，知道自己不要什么，对要什么并不清楚。砍柴、捡垃圾、浪迹天涯，只是他对既定生活的反抗，未必想过具体怎样去做。事实上，那样的日子并不容易过好。

活着为什么？曾经有人说：我们总是在被选择中，完成一项项人生功课：还不知道婚姻是怎么回事，就走进婚姻了；不知道当父母是怎么回事，就当起父母了。很多时候，我们只是顺着社会的惯性，为生活而生活，为赚钱而赚钱。进一步，以此满足自己的重要感、优越感和主宰欲，却没有想过这一切的意义是什么，更没想过还有其他活法。之所以这样，是因为我们对人生意义缺少认识，只有现实的小目标，却看不见生命的大方向。可以说，这是整个教育的缺失。

生而为人，除了掌握知识技能，解决生存所需，更重要的是接受做人的教育。学习传统文化，尤其是佛法智慧，可以帮助我们认识心性，造就良好的心态和品行。更重要的是，通过对终极价值的思考，确立人生目标。职业只是社会分工，所以做什么并不重要，做科学家也好，砍柴也好，关键是能不能在自我成长的同时造福社会。只有自利利他，才能真正把人生过好。

如何面对他人的期许

问：我是来自厦大的学员，听课后深有感触，觉得这和我们平时的做人做事关系密切。我的困扰是，有了一定能力和地位后，会面临亲友、同事的种种期许，对于他们的需求和利益分配，有些不能放弃，有些必须给予，感觉很难平衡。怎么才能让大家都满意？

济群法师：社会上，每个人都有各种责任。尤其是有一定能力的人，面对的要求更多。其中有些是合理的，有些未必合理；有些是自己可以承担的，也有些会感到力不从心，可以针对实际情况分别对待。佛法所说的随缘，就是审时度势，然后尽己所能地去做。在此过程中，只要确实尽了力，也承担了自己的本分，不故意推诿，即使不能满足所有人的要求，也不必太在意，即所谓“岂能尽如人意，但求无愧我心”。在这个世间，我们只是众多因缘之一，根据自己的定位做好该做的，至于能否让所有人满意，并不完全取决于你。

认识、责任和选择

问：我曾看到有明星说，她的工作方向，一是家人同意，二是和自己的宗教信仰不冲突。我家人是做石材的，很辛苦，希望我一起参与。但我觉得做石材是在开发资源，和低碳环保的理念不符，感到很困扰，应该怎么办？

济群法师：爱护生态环境，不仅是佛教徒应该做的，凡是有一定社会责任的人，都要具备这种意识，所以你的出发点很好。当然从佛教戒律来说，在家众的重点是遵循五戒，即不杀生、不偷盗、不邪淫、不妄语、不饮酒，并没有规定不得开采石头。如何选择？取决于你的信仰深度，以及对社会的责任感。有些人以爱护环境为己任，自觉抵制一切破坏环境的行为，这当然值得随喜，但无法要求所有人都达到这个高度。如果你觉得自己暂时还达不到，那么只要符合法律和戒律的规范，在合理的范围去做，也不会和信仰冲突。

如何看待佛教商业化的现象

问：我是虔诚的皈依弟子，既然佛教说普度众生，为什么一些寺院有商业化现象？比如我们想替某人超度，一场法会要收多少钱。我感到很困扰，希望法师开示。

济群法师：佛教在改革开放的商业浪潮中恢复后，确实存在种种不良现象。其一，是因为教界自身的教育跟不上，当寺院不是把重点放在内修外弘，自然会受社会影响，去忙些别的。其二，是因为有些地方把寺院承包出去，用于发展旅游和经济，其中未必是真正的出家人。其三，和信众本身的素质有关，不能辨别什么是正法，就会滋生种种乱象。作为佛弟子，我们不要把教界的现象和佛法混为一谈。学佛的重点，是通过闻法增长智慧，以此树立正见，解除迷惑。当佛教徒的信仰层次得到提高，都能具足正信，不良现象自然就没有市场了。

事业和学佛能否并行

问：现代社会竞争激烈，不努力无法成功，不发展只有衰退。我虽然向往佛法，但觉得做企业和修行在时间上就有冲突，有没有两者并行的方法？或者说，两种选择应该怎样排序？

济群法师：对忙于事业的人来说，要比较投入地学佛，开始确实会有一定难度。难在哪里？一是特别忙，没时间投入；二是事业有成，自我感觉良好，不容易放下执着，以空杯的心态修学。但能把企业做好的人往往有一定悟性，当他们通过修学受益，观念和心态有所改变后，时间就不是问题了。事实上，时间对每个人都是平等的，如何分配，取决于你觉得什么更重要。

从另一个角度说，虽然学佛要投入时间，但磨刀不误砍柴工。当我们学会以缘起的智慧看问题，做起事来就能举重若轻，事半功倍。有些人以前很在乎自我，从管理到财富都抓得紧紧的，学佛后开始懂得放手，和大家共享利益，并在管理等方面充分发挥大家的作用，虽然投入时间少了，做得轻松了，但事业反而蒸蒸日上。所以做事的方式很多，不是要一味地忙，一味地紧抓不放，心态和方法都很重要。这是佛法教给我们的。

以慈悲心吃素、放生

问：从营养学的角度，饮食要荤素搭配，但我信佛后听到不要杀生，感到很纠结，担心孩子会营养不良，不知该怎么办。再有放生的问题，我本来觉得挺好，毕竟众生是平等的，但我花钱放了，另一部分人跟着去捉，甚至他们专门去抓了等我们买下放生。如果用这些钱做别的善事，是不是更有意义？

济群法师：不杀生，不等于要完全吃素，除非你已经受了菩萨戒，否则还是可以吃三净肉的，就是市场上那些不见杀、不闻杀、也不是专门为你杀的。这些不属于杀生范畴。至于从营养学的角度，也有各种研究结果。荤素搭配只是传统观念，现在关于素食有益健康的研究和实例很多，包括胎里素的孩子，同样有很好的表现。而在动物界，牛、马、大象等体格健壮的大型动物都是吃草的。所以不少人出于健康、环保而非宗教原因选择素食，这种观念正在得到越来越多的认同。从另一方面看，现在的养殖方式本身就不健康，从兽用抗生素超标，到猪瘟、疯牛病等隐患，甚至人畜共患的疾病，可谓问题多多。

说到放生，关键是带着慈悲护生的心态去做，是为了将物命从屠刀下解救出来，而不仅仅是以此求得福报。同时要以智慧考量，不买那些专门抓来给人放生的物命，并选择适合物命生存的放生地点，把善后工作做好。如果当作例行公事那样随便放，既不利于它们的后续生存，还可能造成其他环境问题，就和放生的本意相违了。所以说，放生的前提是慈悲护生，并以智慧加以抉择。至于什么善行更有意义，很难在事相上比较，关键是用什么心去做。

企业家的心理建设

经营企业与经营人生

2019年秋，广佛深企业界善信至苏州西园寺参学。

颜爱民教授：济群法师曾在长沙与岳麓书院国学院院长就佛学和儒学展开对话，主题是“如何立心立命”，非常精彩，我很荣幸地担任了主持。今天又和台上的企业家们一起，在殊胜的西园寺，抱着真诚之心和法师共同探讨，企业家如何解决工作及人生的种种问题。我常和企业家们在一起，他们赚钱很过瘾，但赚得不容易，还会带来种种麻烦。今天台上台下有很多企业家，这个群体一方面为赚钱所困，另一方面在赚钱后被麻烦所困。我主张台上台下联动，先请台上嘉宾谈谈体会，或是有什么疑惑向法师请教。首先请华为的慧伟师兄和大家分享。

企业家的心理建设

慧伟：非常高兴在西园和各位企业家分享我的感悟。华为之所以能从注册时的2.1万元，发展到今天的年销售约8000亿人民币，我总结了几点。一是任总散财，开始整个华为股份都是他的，但到去年年底他只有1.14%。有天我读到《大学》的“财散人聚，财聚人散”，认为这是华为走到今天的重要原因。二是任总比较低调、谦逊，六十四卦只有一卦是六爻都吉祥的，就是谦卦。任总过去从不接受媒体采访，今年一反常态，和美国对华为的打压有很大关系。三是任总非常热爱学习，他今年75岁，依然坚持两天看一本书。他在接受哥伦比亚广播公司的采访时说，曾有50多年每天学习到凌晨一点。四是华为通过这么多年发展，总结出了自己独特的文化，“以客户为中心，以奋斗者为本”。我觉得，这些也适合在座的企业家。

虽然取得了一定成功，但企业家属于高压力人群，任总也曾面临很大的竞争压力，因此患有抑郁症。相信在座不少人有类似困扰。作为企业家，怎么面对工作带来的心理问题，从抑郁中走出来？望法师开示。

济群法师：上午讲到“中国企业家的精神建设”，就是在解决这个问题。为什么会得抑郁症？并不是一朝一夕的问题，而是长期忽略心理健康导致的。就像身体免疫系统崩坏后，疾病就会大举进攻，心灵同样如此。所以首先要“治未病”，通过日常保健建立防线，而不是到问题出现才后知后觉，甚至因为错误观念加重病情。

如果已经有了病症，一方面是积极治疗，另一方面是通过传统文化修身养性，重塑人生观、世界观、价值观。就像我们在治病的同时，必须提高免疫力，双管齐下，才能取得良好效果。儒释道传统文化都提倡先做人，再做事，如果让做事成为修德修身的一部分，那么企业就是道场，工作就是修行，而不是因此带来压力和心理困扰。

现代社会竞争激烈，怎么应对这种压力？佛法讲的是“因上努力，果上随缘”。现在很多企业每年要有百分之多少的递增，从企业主到员工都压力重重。压力来自哪里？虽然有外在因素，但关键取决于自己的定位。这并不是说，大家不能追求提升，而是要看清哪些才是真正需要努力的。

对于企业来说，一是优化管理机制，二是提升技术水平和创新能力，三是建立文化信念和利他心。把这些方面做到位，本身就是最好的竞争力。若结果还不理想，就以现有基础为起点，继续在因上努力。此外，要看到任何事都是众缘和合的，是众多因素的共同作用，其中还有我们不能把握的部分。只要在自己可以做的方面竭尽全力，就要坦然接纳一切结果，而不是在预设目标后，给自己制造无谓的压力和痛苦。现在不少人把做人和企业的关系本末倒置，仿佛就是为企业发展活着。事实上，企业只是人生的一部分。我们应该通过做企业使生命得到成长，使自己变得更好，而不是相反。

颜爱民教授：法师说的在因地做文章，不要执着结果，我觉得有点像儒家的“行有不得，反求诸己”。企业家要有责任心，但责任心太强了可能成为执着，也有问题。《六祖坛经》说要“无相、无住、无念”，就是做事不执着在相上。法师的事也很多，但看起来很淡定，言谈举止胜似闲庭信步。这样的淡定，本身就是“因上努力，果上随缘”的示现。

我还有个问题，华为遇到这么大的违缘，是不是它的愿力太大，或是贡献太大？从专业角度说，任总是难得的企业家。如果单纯想赚钱过日子，无论赚多少，只不过是老板。而企业家的精神在于，以企业为平台造福社会，利益众生。印度前总理认为，每个企业应该是座庙，企业家就相当于方丈，把企业作为教化众人的地方。可见，企业家精神已经超出世间法了。法师说的企业家精神是不是这样？

济群法师：凡事都是多方面的。一方面，任总有这种担当和责任心，值得很多中国企业家学习。另一方面，当他把企业越做越大，意味着把别人想赚的钱赚了，就会树立更多竞争对手，面临挑战甚至打压。这是成长必经的磨炼。作为平常百姓过过日子很简单，当你想为社会做更多事，造福更多人，必然要经受各方面的压力，所以要有超然和出世的心态。

儒家文化提倡积极入世，而大乘佛教是以出世心做入世事，从而避免因入世带来的压力。如果一心入世，执着事业、名利、地位，得意时操劳且心累，失意时则会抑郁、焦虑、恐惧、没有安全感。所以佛法告诉我们，既要本着利他心积极入世，又要看到所做一切在本质上如梦幻泡影。带着这种超然的心态，即使做得再多再努力，内心却没有挂碍和压力。哪怕明天由于各种因素让这件事不能继续，也不会因此失落。所以说，只有具备入世的慈悲和出世的超然，才能进退自如，成就真正的企业家精神。

颜爱民教授：说得非常好。在座各位企业家把事业做大的同时，不要把自己赔进去。事业就像一棵树，长得越大，面对的风雪和压力就越大，应该超然一点，弹性好一点，否则就容易被折断。

何去何从的抉择

颜爱民教授：谢苇师兄是湖南的企业家，企业做得很好，也长期坚持学修，你今天是带着感想还是问题来的？

谢苇：我是颜老师的学生，也是湖南践行国学基金会一期班的学员。第一次随恩师来到西园，登入大雅之堂，见到内心顶礼膜拜的济群法师，诚惶诚恐。但看到法师那么从容，而且笑得那么真诚，说不出的通透，很少在社会中看到，又使我的心慢慢平静下来。我大学是学艺术的，后来当了3年老师，因为想赚点钱到法国深造，就出来自己做。从老师转到老板，算不上企业家。跌跌撞撞走了24个年头，从最初的一家店15人，走到今天的127家店，近800名员工，都是自己一步步走过来的。

我有两个问题。第一个是私人的问题，我女儿在香港地区工作，我担心她未来的就业受影响，想让她回来，但她非常喜欢那里，做父亲的有点纠结，希望得到开示。第二个是企业的问题。企业虽小，肝胆俱全，任总有的问题，我也有，任总没有的问题，我更有。现在碰到的具体情况是，有人看上我的企业，想投资，但一定要超过51%的股份，否则就不来。我觉得自己还年轻，还想干下去，但被控股就没太多意思，所以很纠结，怎么办？

济群法师：两个问题都很具体。香港地区最近有点状况，但应该是暂时的，要相信政府有能力解决。而且现在是全球化的时代，不像过去，你的户口在哪里，就只能固定在哪里，做出选择就关系到一辈子。现在的选择比以前自由很多，所以不用担心，可以根据大环境和个人喜好综合评估。在今天的社会，不论环境还是想法都容易变化，关键是提升自身的能力、素质和心态，那么将来在哪里都没问题。反之，在哪里发展都不容易。

至于企业的问题，首先明确自己要的是什么，担心的是什么，是担心对方做不好，还是担心自己失去控制权不习惯，还是别的什么原因？我们把一个企业从无到有地做起来，做了几十年，就像自己的孩子，对它充满感情和牵挂，不带就不习惯，不放心；或是目前还没有建立更高的追求，没有更重要的事，不妨就这么继续。其次，企业毕竟不是人生的全部。现在有人要投资并控制企业，如果经过充分了解，对他们的实力和能力有信心，确定他们能把企业管好，自己可以有更多时间修身养性，其实是一件好事。

当你确定自己要什么，就知道怎么选择了。人生有不同阶段，孔子说“三十而立，四十而不惑，五十而知天命”，除了成家立业，每个人都应该有一定时间去关心生命永恒的问题。事实上，这才是最值得投入精力的，就看你有没有意识到它的重要性，什么时候把它提到意识日程。

菩萨怎么不保佑我

张伟玲：有这么殊胜的因缘，和大湾区的企业家们相聚在美丽的西园，我很高兴，也很感恩。我是第二次来这里，第一次是在9月。记得很清楚，济群法师来带我们做早课时，我感到一股暖流从头顶贯穿脚底，突然就落泪了。因为这种难得的感应，我回去就进了班，这次带了几位深圳的企业家过来。

我是一名资深证券从业者，现在是一家券商营业部的总经理。我想请教的问题，是很多客户和朋友想问又不好意思问的。大家都知道中国股市熊长牛短，在熊市或股灾出现时，那些上市公司股东们的资产就会随股价下跌而缩水，很多高净值客户的市值可能被打五折，甚至是一两折。我从业多年，经常听到客户的吐槽和困惑，其中不少是信佛的，他们觉得自己皈依了，平时也做功课，包括财布施、放生等善行，为什么股灾时菩萨不保佑我，还让我亏钱？为此感到很纳闷，甚至连佛都不想学了，觉得生不起信心。我替他们向法师请法。

济群法师：这种信仰的功利心很强，感觉在和佛菩萨做交易。就像有些人去寺院供几个水果，就提出事业顺利、孩子平安等一堆要求，似乎这些都可以通过几个水果兑现，世上有没有这样的买卖？

市场有市场的规则，这个问题需要深入研究，但不在我的研究范围。从佛法角度看，一个人能不能赚钱，除了客观因素，还取决于自己的福报，而福报来自福田，就像农民必须耕耘才有收获那样。福田有三，一是恩田，对有恩于己的人知恩报恩；二是敬田，对三宝和有德者恭敬供养；三是悲田，对需要帮助救济的人施以援手。

做这些的时候不能有功利心，越纯粹，招感的福报就越大。《金刚经》中，佛陀问舍利弗尊者：东方的虚空有没有尽头？南方、西方、北方、上方、下方的虚空有没有尽头？接着告诉我们：只有以不执着的心布施，所获福报才能像虚空一样，是为无相布施。这种不带任何功利的善行，将成就佛菩萨那样的福德资粮。反之，虽然做的是好事，但同时也会增长贪心，行为的性质不同，果报也是不同的。如果我们想耕耘福田，既要以慈悲心广修善行，还要带着无相、无所得的心去做。

此外，证券和股票都是投资，要以正确的心态和定位来做，不能当作投机。因为投机的心态近乎赌博，这是佛教反对的。既然是投资，我们就要充分了解自己做的是什么。虽然世界是无常的，行的会变成不行的，不行的也会变成行的，但都不是偶然的，必定有它的因缘。所以我们要了解所投资的企业或项目，包括综合实力、发展愿景、管理方式、产品竞争力等，然后本着共创共建的心参与。

在这个飞速变化的时代，投资既要有长远的眼光，更要有无所得的超然心态，不能患得患失，也不能有太强的功利色彩。学佛和行善的目的，是帮助我们端正观念、调整心态、提升生命品质，这样在处理世间法时就会更有智慧。但不要以信仰为筹码，好像必须换来点什么实际好处，这种想法本身就有问题。

颜爱民教授：法师讲买股票时不要急功近利，但我估计操作上有难度，买股票往往以急功近利为主。但各位至少要多想一想，不要把身家性命砸进去，要立足于长远投资，而不是短期操作，从专业上看才合理。所以法师有智慧，把核心讲到了，就是做投资。下一个问题交给台下。

以正见引导亲友

嘉宾：我是带着个人问题来的。我的姐姐和弟弟沉迷赌博二十多年，给家人带来极大困扰。他们打电话找我要钱时，我基本是拒绝的，偶尔会满足一两次。但每次拒绝后，内心很痛苦。我想，他们可能像法师说的那样，发展了人性中魔性的那一面。佛教说，每个人都是自己的治疗师，那他们应该怎么治疗自己？我又应该怎么帮助他们走出来？

济群法师：赌博有强大的成瘾性，不仅是心理串习，甚至会成为生理反应，就像毒瘾，一旦发作就无法自控。所以有些人哪怕倾家荡产，哪怕一再借钱，哪怕把手剁了，还是不能自拔。所以不良嗜好非常可怕，即使在心理治疗中也是非常困难的。如果情况严重，光靠他们自己或你的引导可能还不够，必须多管齐下。

一是远离相关环境，让串习没有出动机会，这是相对容易做到的。二是了解赌博的危害，建立正确认识，知道赌博欠债对家人的伤害，即使偶有所得，也是不义之财，是让人深受其害的毒蛇。三是丰富精神追求，知道做什么对人生才有价值，而不是用赌博来浪费生命。四是通过禅修培养正念，对治不良习惯。其中，最根本的是改变观念，但这必须持之以恒，要不断地重复正确，摆脱错误。

颜爱民教授：赌博等不良行为，就是心性系统出了问题。用现在的话说，就像电脑中毒一样，必须全面杀毒。最好的杀毒场所就在这里，你可以把他引入修学。我知道有类似情况的人，通过修学改变得很成功。

嘉宾：我学过《了凡四训》后，知道了改造命运的原理，就安住于此。但身边有些朋友学佛多年，也在儒家文化扎根多年，道理都知道，还是抵不住诱惑，跑到所谓的公益场所，去听《易经》之类的课程。去了就被兜售各种吉祥物，摆在门口，挂在身上，全部下来要几万元甚至上百万元。过段时间再见，感觉他们的言行举止和心性并没有任何变化。为什么知道正确道理后，还是会被邪知邪见蛊惑？怎么辨别邪见和正见，有什么准则？

济群法师：一方面是知易行难，不是说我们了解什么是好的，就一定能做到。我们从学习知识，到把这种认识变成自己的三观，替代原有思维方式，是有个过程的，可能还很漫长。《了凡四训》非常好，告诉我们怎么通过积累福德来改变命运，是命自我立的生动案例。但如果我们不学佛法，认识不到缘起的智慧，从立心立命到改变人生的过程还是缺少思想基础，作用也就有限。所以不是单纯停留在看过什么，知道什么，而要有足够的力量重塑三观，才能以见导行。

这种改变不是马上发生的，必须长时间努力实践。今天的人比较功利，做什么都希望马上见效，甚至寄希望于算卦，以为这样就能得到"内部消息"，只赢不输。当然《易经》本身不是无稽之谈，而是帮助我们了解命运的发展规律。但算得准不准，还涉及各种因素，不能把转运的希望全部寄托于此。从佛教来说，虽然认为生命延续有规律可循，但更提醒我们要在因上努力，积资培福，这才是改变命运的不二法门。

关于辨别邪见和正见的标准，佛教说的是“亲近善知识，听闻正法，如理思维”。如果没有值得信任的善知识，光靠自己建立标准是很困难的。此外，这三点还要相互印证，一方面是由闻法导向思维，另一方面还要通过思维，并结合现实来检验佛法所说是否正确。只有通过思维和理解，才能将所知落实到心行，成为自己的观念。这样的所知才是有力量的。

颜爱民教授：我把法师的话再重复一下，容易上当的人，本身就抱着投机心、功利心。八正道首先是正见，以此建立基本的思想体系。天上不会掉馅饼，应该靠自己在因地去修，该有的才会有。如果本着这种心态，别人就骗不了你。另外，《易经》并不是假的，它作为六经之首，被儒家和道家奉为重要经典。至于是不是有人利用这个经典行骗，或达到个人目的，那是另一回事。现在我们回到台上继续分享。

公益慈善的困境

任志明：我代表“广东一心公益基金会”来到台上，这是

2010年珠江三角洲200多位企业家发心组成的志愿团队。大家刚才听到，法师提得最多的是利他，我们团队一直就是以利他为宗旨，帮助别人，成就自己，现在是广东省9家5A级民间组织之一。虽然我们9年来经历了很多，但在目前的经济形势下，还是遇到不少难以解决的问题。

我们的主打项目是救助先天性心脏病患儿，救一个孩子需要1.5万到3万元，我们先后资助了近4000名患儿。开始时，很多人是凭着一股热情甚至冲动加入其中。当时正值经济高速发展，民营企业家赚到很多钱，而向善是人的本性。当大家手上有钱，也有这个心的时候，我们筹款一点都不愁。但现在企业不像以前那么赚钱了，还要不要财布施，要不要做公益慈善？另外也有些公益组织，包括行政部门，会出于各种情况“强行”要求企业捐款。不少企业家向我们诉苦：这本不是我想做的，但是“被慈善”了。您怎么看待这些问题？这是我的第一个问题。

我的第二个问题是，第一代企业家已经到一定年龄，因为精力、学识、形势等关系，不少企业遇到很大的困难，我身边也有朋友因此做出失信、跑路等极端行为。对于这样的人，我们用什么方法帮助他改正？

济群法师：中国的慈善精神并不普遍，做公益确实有一定难度。另外，因为过去的各种事件，包括资金透明度等问题，导致人们对公益组织不太信任。在这样的大环境下坚持做慈善，仅凭热情是不够的，而是要真正认识到慈善的重要性，知道这么做对自己和众生的意义所在。

随着市场经济的发展，社会的贫富差距日益悬殊，除了相应的福利制度，特别需要慈善扶贫济困，加以调节。怎么做好慈善？我曾在深圳为清华 EMBA 校友会讲过“企业家的慈善精神”，探讨了慈善的本质、慈善精神的建立和实践等问题。慈善并不是简单地捐点钱，而是要立足于慈悲心，通过捐款或善行帮助众生。反过来说，如果只是“被慈善”，其实不能算真正的慈善，不能因此增长慈悲心，也是很难持续的。

作为公益组织，既有责任帮助贫困者，也有责任让参与者从行善中得到成长。所以我们在做公益的过程中，还要在团队中倡导慈善精神，传递爱的教育，包括基督教的博爱、儒家的仁爱、佛教的慈悲。本着这些精神行善，不仅有益于社会大众，还有益于自身提升道德，成就慈悲。有了认识基础，做慈善将是自觉的选择。只要利他的心不变，那么能力大的时候就多做一点，反之则少做一点，终归是可以做的，不必纠结于到底做了多少。

同时还要使善款使用透明化，让大家看到你帮助了多少人，他们被帮助后的状态如何，以此取信于人。只要把事情做到位，总会有人参与。经济再不好的时候，也有不少企业做得挺好。现在我们真正缺的不是钱，而是慈悲、担当和信任。

至于有些企业家跑路，不负责任，通常不是靠劝说一下就能改变的，还要看他们自己有没有责任心和因果观。这些需要通过教育才能形成。虽然现在出台了关于失信者的政策法规，但仅仅这样还不够，关键是从教育入手，加强道德素养和因果观念，让人们知道善恶行为的果报，学会权衡利弊。一个人守信还是失信，其实是取决于他觉得“信”有多重要。

从人生使命到企业格局

2019年11月，济群法师在苏州西园寺，为来自上海地区的企业界人士举办了为期两天的静修营，并为大家答疑解惑。本文整理了此次问答的内容。

做人的使命是什么

问：什么是人生使命？按我目前的理解，这个使命就是每天起床时能让自己开心并充满动力的事。怎样才能发现自己真正的使命？您怎么认识自己的使命？

济群法师：每天让人充满动力的，未必是人生使命，主要是看做什么。动力有各种各样，有些人的动力是贪嗔痴，做起坏事来很有干劲，如果将此作为人生使命，那就糟了。真正的使命必须通过文化和道德教育来建立，比如儒家的“为天地立心，为生民立命，为往圣继绝学，为万世开太平”，佛教的“众生无边誓愿度，烦恼无尽誓愿断，法门无量誓愿学，佛道无上誓愿成”，都是崇高且充满力量的人生使命。对于佛弟子来说，既要自己从迷惑走向觉醒，圆满佛菩萨那样的悲智二德，同时也要帮助普天下的芸芸众生达到这个目的。这是学佛的使命，我也在做这样的努力。

企业必须靠狼性生存吗

问：我毕业后就在上市银行和上市券商工作，每天的工作是和企业主接触，发现那些奉行狼性精神的企业，往往经营得较好，而比较佛系的企业，在经济下滑的现在过得并不好。但狼性精神就是佛教所说的贪嗔痴，如果不去竞争，怎么才能佛系地把生意做好？时间有限的话，应该先追求现实价值还是长远价值？

济群法师：狼性精神、丛林法则都是受达尔文进化论的影响。一方面如果带着这份你死我活的心态做企业，不仅辛苦，还会把心做坏，使人总是处在紧张和对立中。另一方面，既然适者生存，说明能成功的还是少数人。很多人虽在拼杀，也未必能胜出，所以狼性并不是必然的成功之道。究竟是你死我活的竞争还是合作共赢才更有利于企业发展？对于这些问题，企业界的认识也在变化。

说到佛系，有人理解为随意和不作为，其实这是误解。佛教所说的随缘是审时度势，以智慧做出选择。日本的稻盛和夫就是运用佛法思想，立足敬天爱人，倡导六项精进，造就了两个世界五百强企业。而现在的互联网思维、商业民主化、去中心化、项目管理、自下而上等模式，都和佛法缘起无我的思想相吻合，使人们重新认识利他和利己的关系。

现在是全球化的时代，从生态环境到产业合作都是唇齿相依的。现在倡导的人类命运共同体，说明世界是一荣俱荣、一损俱损的关系。所以我们应该带着利他心，建立良好的合作伙伴关系，以服务社会而不是掠夺财富的心来做企业。这样做的时候，得到的支持才会更多，所谓“得道多助，失道寡助”。有了助力善缘，成功概率自然会更高。

至于现实价值和长远价值，两者并不是截然对立的。只要用心正确，方法得当，完全可以在得到现实价值的同时，成就长远价值。我们强调的是，要在看清什么是长远价值的前提下追求现实价值。如果只见眼前，就可能因小失大。

怎么把企业格局做大

问：做企业和心的格局有关，那怎么才能把企业做大？

济群法师：首先要问问自己：为什么要把企业做大？是觉得超过别人有面子，显得自己更优秀，还是为了利益更多的人？两种定位截然不同。如果为了面子做，为了成就自我的重要感、优越感、主宰欲，那是非常辛苦的。所以要正确发心，希望通过事业来提升自我，同时利益大众、服务社会。当你这样想的时候，才能得到大家的认可和支持。

有了正确发心，还需要先进的管理机制，否则还是做不大的。比如去中心化，就是充分发挥大家的积极性和参与度，把企业目标变成所有员工自己的事，而不只是几个管理层的事。同时还要建设数字化、模式化、标准化的管理机制，使每个人都能在不同岗位发挥作用。

把佛法智慧带入企业

问：我是从事学龄前教育工作的，自己正在改变过程中，也意识到生命品质教育的重要性，但还不能对员工产生影响。怎么才能把佛法善巧地植入企业管理中？

济群法师：佛法如何运用到企业中，有一系列的相关问题。首先要建立统一的信念，可以通过读书会、讲座等方式，在企业中形成文化氛围。尤其是当企业规模大了，如果没有文化作为思想基础，大家想的都是利益，管理起来会比较辛苦。其次是有利他心和公益精神，包括对员工的责任心，对社会的爱心。如果员工能在这里得到关爱，觉得很温暖，就会对企业有感情，也有集体荣誉感，你说什么他们才愿意听，才能有效地影响他们。此外，要在企业营造禅意空间，适当增加茶道、花道、生活美学的内容，让大家喜欢这个工作环境，而不是为了赚钱不得不来。做到这几个方面，从环境到人的精神面貌都会改观，才能进一步将他们导向佛法。

慈悲利他是否应该有度

问：佛教讲究以慈悲为怀，有没有一个度？我为了帮助好友借钱给他，但后来他说破产就不还了。他不光欠我的钱，也欠别人的钱。对那些用极端手段要账的人，他会先还，但对我们这种有慈悲心的，就一分也不打算还了。对这样的人应该慈悲吗？

济群法师：佛教不仅讲慈悲，还讲智慧。“慈悲生祸害，方便出下流”就是告诉我们，没有智慧的慈悲会带来祸害，没有原则的迁就会招感违缘，最后害人害己。所以帮助他人要有智慧。

至于度的问题，从慈悲心的修行来说，必须不断强化并圆满，可以说是无止境的。但在事相上要具体分析，知道怎么做对他才是有利的，才是真正的慈悲，并不是做得越多就越好，有时不做什么也可以是慈悲。比如不少人会纠结，遇到乞丐要不要给钱？如果对方是假的怎么办？其实，关键在于你怎么想。如果你觉得他的目的就是要钱，你只是在帮助他，那么给钱就是慈悲。如果你觉得给钱会纵容他，使他永远依赖这种方式赚钱，不愿自食其力，那么不给也是慈悲。至于朋友借钱的事，同样涉及很多问题：

是单纯的帮助，还是带有其他性质的借贷？有没有考虑风险和回报，有没有规避风险的约定？借出时有没有超出自己的能力，会不会影响自己的生活和工作？先把世间法层面的问题想清楚，再考虑慈悲的度，不要混为一谈。

缘分取决于心行

问：佛法说，人和人的相遇都是有缘分的。为什么有些人因为缘分相遇，结婚生子后又离了婚？怎么理解这种缘分？

济群法师：首先，缘分是有深浅的；其次，缘分需要不断滋养，否则就无法维系。两个人走到一起生活，观念和习惯都会有差异，如果不能彼此尊重，从对方的角度思考问题，就会矛盾重重。时间长了，缘分也会消耗殆尽。曾经有位韩国出家人写了《好婚姻，靠修行》一书，影响甚广。可见，好的婚姻和家庭都需要通过修行来经营，而不是靠运气。

我们有不少学员反馈说，之前经常和家人吵架。因为每个人都是站在自己的角度考虑，有问题都是别人不对，自己永远是对的。这样的家庭就会经常发生冲突。但学佛后，体验问题首先检讨自身不足，发现并赞叹对方的长处。当你这样做的时候，对方也会受到影响，开始自我检讨。缘分不是一成不变的，如果我们不创造善缘，缘分就得不到滋养，破坏善缘的因素也会越来越多，最终分崩离析。反之，如果我们不断创造善缘，就能使缘分不断增上，从今生延续至未来。

很多人相信算命，认为一切都是前定。而佛法说的是因缘因果，如果因缘改变，结果也会随之改变。所以命运来自业力，业力来自行为，行为来自心理，心理来自认识。反过来说，认识决定你的心理、行为、业力，并最终决定你的命运。当认识和行为改变了，缘分和命运也就改变了。

如何打开心量

问：我祖辈在农村，节约惯了，虽然现在生活水平好了，但做事时总是度量有点小，舍不得给予，怎么让自己大度一点？

济群法师：首先要有同理心，能对别人的苦乐感同身受，然后才愿意给予他人帮助。儒家说四海之内皆兄弟，佛教说众生在无尽轮回中曾是亲人，和自己是一体的，都是教导我们从更高的角度，重新看待自己和众生的关系。慈悲心的前提，就是觉得对方和我有关，才愿意进一步接纳并帮助他们。

其次可以多看看天。在佛法看来，心的本质就是宇宙的本质。宇宙有多大，我们的心就有多大。只是因为我执，才会把心封闭在概念、情绪的牢笼中，整天关注各种琐事。所以要多看看天，建立无限的所缘，再来看自己的心，会发现心像虚空一样是无限的。这也是打开心量的很好的方式。

如何看待死亡

问：昨天得知合作伙伴加班猝死了，才三十多岁，前一周也听到类似的消息。我的生活状态和他很像，经常加班，而且从小就害怕死亡，到底应该如何看待这个问题？

济群法师：对于死亡，人们通常有两种极端，或是毫不关心，觉得和自己无关；或是陷入焦虑，不知未来会怎样，不知怎么面对终将到来的那一天。尤其是老年人，普遍面临精神生活、临终关怀、死亡归宿三大问题。年轻时事业干得热火朝天，没精力关注精神需要，也从来没有为此做好准备。一旦退休，根本不知道怎么打发日子，生命一天天地暗淡。

印度婆罗门一生有四个阶段，从求学、成家立业到入山修道、游化四方，前半生关注现世生活，后半生关注信仰生活。因为生死是每个人必须面对的永恒话题，如果只关注现在，不为死亡做任何准备，一旦无常来临，就会茫然无措。通过学习，不仅能丰富精神生活，找到人生目标，活得有方向、有意义，更能对死亡有正确认识，知道未来要去哪里，又该为此付出什么努力。

儒释道的文化交融

问：法师讲到中国传统文化，从诸子百家到近代中西方文化，特别谈到儒释道的结合，三者有不同侧重吗？

济群法师：两千多年来，儒释道三足鼎立，共同构成了中国传统文化的框架。其中，儒家文化立足现实人生，重视伦理纲常，在道德建设和治理社会等方面占有主导地位。道家文化效法自然，提倡无为而治，对如何为人处世提供了另一个思路。而佛教从心性入手，强调心的主导作用，认为“心净则国土净”。关于这三种文化，有人说“儒是皮，道是骨，佛是心”，或者说“以儒治世，以道养身，以佛修心”，从一定程度上反映了它们的不同特点。如果善于学习，可以起到相辅相成的作用。但从究竟而言，佛法对心性的认识和体证是最圆满的，也是治世、修身的根本所在。

解锁人生从学佛开始

经营企业与经营人生

2019年9月，济群法师在苏州西园寺，为前来参学的企业家们开讲《大乘佛法与企业家的精神建设》，并在讲座后答疑解惑。本文根据现场录音整理。

道德的回报

问：在有些国家，企业的诚信和公德心是被奖励的，但中国还没有相对公允的奖励体系鼓励大家行善。在这样的环境下，什么系统应该承担这一责任？怎么看待在合作中遵循道德不被信任、反而吃亏的现象？

济群法师：从究竟而言，行善的回报并不是依靠某个社会系统，而是来自生命内在。当我们认识到道德的价值，努力践行，生命品质将随之提升。这本身就是最好的奖励，而且是最公平的。因为这个结果完全由你的发心和行为所决定，不是由外在机构做出裁决，不存在厚此薄彼的现象。

至于遵循道德后看不到立竿见影的回报，得不到信任，反而被怀疑，甚至因此吃亏，往往是我们做得还不够。尤其在当前社会环境下，人与人之间缺乏基本信任，如果对方不了解你，未必理解你的道德行为，甚至会提防你别有用心。这是社会的共业所致，是有特定背景的。但长期交往之后，对方发现你确实有诚信、讲道德，一定会转变认识的。想一想，我们希望自己的朋友有诚信还是没诚信？有道德还是没道德？事实上，别人对我们有同样的期待。物以类聚，人以群分，只有遵循道德，我们才能找到有诚意、讲信用的合作伙伴。所以说，一个人从践行道德到产生效应是有过程的，需要时间的累积，不必在意一时得失。

大小乘和社会发展

问：以前我曾疑惑，觉得佛教过于出世，把所有看淡放下，是否会失去进取心？听到您介绍的大小乘不同定位，希望对此有更多了解。我想，从鼓励进取心及促进社会发展的角度，是不是要侧重宣扬大乘思想？

济群法师：乘的概念就是车。大乘是大车，发愿引领众生共同觉醒。就像有的企业家希望带着大家一起致富，过上幸福生活。小乘是小车，重点是自己解脱，没有把救度众生作为不可推卸的责任。

在修行上，大乘侧重开显，小乘侧重否定。人性包含佛性和魔性，大乘修行是认识到众生本具佛性，可以由利他圆满悲智二德，最终成就佛果。就像现在的积极心理学，重在开发内心的正能量，增强良性心理，以此解决烦恼。从治病思路来说，是以提高自身免疫力来抵抗疾病。而小乘重视无常、无我、空等法义，都属于否定的表达，以此破除我们的错误认识。此外，解脱是超越轮回，涅槃是平息烦恼，从某种意义上说也属于否定。在发心方面，小乘发出离心，侧重出世；大乘发菩提心，以出世心做入世事，与社会生活和大众的结合更为紧密。

弘法会有经济压力吗

问：我在其他寺院做过义工，它们有门票等盈利模式，跨年撞钟也要三五百块钱，但西园寺几乎没有商业氛围，我们来参加活动都是免费的。面对这么大的群体，您有经济压力吗？

济群法师：开展弘法活动，包括道场建设等，我从来没考虑过，做这些要花多少钱，钱从哪里来。我觉得，只要发心为大家服务，大家也确实能从中受益，其他都不是问题，结果就真的不是问题。因为这是大家的事，自然会有人共同成就。我考虑的只是，怎么以契合时代的方式解读佛法，让这一智慧利益更多众生。

佛像可以放回寺院吗

问：我十年前旅游时路过一座寺院，被那里的师父强劝后请了佛像，说不请就对家人不利。但我家中没有独立的供奉空间，只能摆在书架上，偶尔擦擦灰。今年经朋友引荐，我又把佛像放到了寺院。这种举动会不会不敬？会有什么不良后果吗？

济群法师：佛菩萨不会那么小气，否则就不是佛菩萨了。此外，你请佛像的过程是有问题的。以前有些寺院被承包，也有伪劣假冒的出家人，才会有强卖之举，如法的寺院绝不会那么做。请佛像，必须是佛弟子出于信仰，觉得要以佛菩萨造像作为生命样板和礼敬对象，在家中营造庄严清净的氛围，然后恭恭敬敬地请来供奉，而不是被迫为之。如果你觉得不合适，把佛像请回寺院也很正常，不必有心理负担。

素食者怎么应对被招待

问：我经常去内蒙古出差，朋友招待时一定会上羊肉，如果我非要吃素的话，场面就很尴尬。这种情况下该怎么办？

济群法师：正常情况下是有什么就吃什么。佛教重视的是不杀生，只要不是自己亲自去杀、没看到它被杀、也不是专门为你杀，就属于可以吃的三净肉。如果特别为招待你而现杀的，那就不能吃。

吃素并不是学佛的必需条件，还要看每个人的因缘，看你的信仰是否到这个份上。如果你已经认识到吃众生肉不好，决定吃素，可以和对方善巧沟通。一般来说，大家会尊重你的信仰。现在的饮食习惯已经多元化，因为各种原因吃素的人越来越多，这种选择是可以得到理解，也应该得到尊重的。

家庭与事业的平衡

问：我做财富管理的工作，但身为女性，也想多花时间关注家庭，应该怎么平衡家庭和事业的关系？

济群法师：家庭和事业都是人生的组成部分。不少人对人生问题认识不足，不知道究竟什么最重要，也不知道自己究竟要什么，就会偏执一端，把事业的成功当作人生的成功。结果不仅影响家庭，甚至会影响身心健康、生活品质和为人处世。所以不少人在事业成功后，却发现人生漏洞百出，痛苦不堪。

所以我们既要重视职业规划，更要重视人生规划，确定家庭和事业在人生各占多少比重。定位清楚了，就知道应该在工作上花多少时间，在家庭陪伴、儿女教育上花多少时间。最重要的是，在自己的生命提升上花多少时间。有了规划，就可以根据主次作出取舍。

每个人的时间都是一样的，关键是合理分配，才能取得平衡。

如何面对贪嗔痴

问：人因为贪嗔痴才会痛苦，那我们这些凡夫俗子如何面对贪嗔痴？

济群法师：首先要认识到自己内心有贪嗔痴，知道这三种病毒会造成巨大危害，而不是听之任之。其次要接受生命的不完美，但不因此焦躁，否则会增加不必要的痛苦。第三要寻找根治三毒的方法。你们来这里参加活动就代表了治疗的意愿，加入三级修学后，才正式进入治疗系统。

依止必须从一而终吗

问：三年前，我因为一位老师的引导接触禅修，对佛教有了新的认知，并发愿追随这位老师。但在追随过程中，发现老师有言行不一的情况，有些追随者因此选择离开。我知道人无完人，老师也要不断修行和进步，感觉离开是一种背叛，有悖当时发下的愿。怎么解决这种纠结？

济群法师：首先要看你的追随是盲目的还是智慧的。如果是盲目的追随，迟早会出现问题，可能是老师的问题，也可能是你自己的问题。如果经过智慧抉择，很清楚自己要什么，也清楚这些可以在老师这里得到，即使老师本身有些不完美，但并不影响学习，那就没关系。

至于你原来打算追随，现在放弃是否背叛了誓言，我觉得这不是什么问题，不必上纲上线，否则是自讨苦吃。因为人的认识在不断提升，不管做事也好，追随老师也好，双方的因缘都在变化，要审时度势并做出调整。所以关键不在于是否背叛，而在于是否适合继续学习。

愿力不是压力

问：我是第二次来西园寺。第一个问题，第一次午斋时，我怀着欢喜心和第一感恩心。昨天午斋时，我看着碗里米饭，突然就想落泪，请问这悲从何来？第二个问题，我来自农村，回老家时发现，儿时经常洗澡的河变成了小水沟。我就想，能不能让水沟重新变成大河。原来只是一个想法，现在可能有机缘去实现，但还不确定。如果不能完成，这种愿力会不会变成压力？

济群法师：第一个问题，悲从中来的现象并不少见。很多人到了寺院，在特定气场下会有一种感动。除了环境因素，你最好问问自己：这个悲到底从哪里冒出来的？如果能去寻找心的源头，会更有意思，认识也会更深入。因为别人给你的答案是外在的，关键是自己以此为契机，一路追寻下去。

第二个问题，你有这份利他愿心，希望为社会尽一份力量，值得随喜。当然也要评估自己的能力，或是联合更多力量一起做。只要当前因缘下觉得可以做，就朝这个方向努力。至于结果怎样，不必想得太多。如果因为社会、政策等因素使你没法做到，或是自身财力不够，都是另一回事，不算违背愿心，也不必因此背负压力。世事无常，地球最终都要毁灭，做任何事只能在因上努力。

以正见把握人生

2019年3月，苏州西园寺举办企业家静修营，其间安排了一场济群法师与嘉宾的对话。本文根据现场录音整理。

学佛后的职业选择

嘉宾：2014年时，我的企业做得很好，由于欲望膨胀，就想继续往上，但接着投资失败，所贷的两千万元差不多都流失了。我是做餐饮的，二十多年积累的家当几乎血本无归，内心很难承受，每天都在纠结和嗔恨中度过，甚至想用极端的方式解决问题。因为我感觉自己是好人，上天不该对我这么不公。当时有位朋友带我走进了国学班，七天的课程，使我的人生和心态发生了翻天覆地的变化，明白要学会接受。

此前我很傲慢，农村孩子通过自身努力取得成功，走进人民大会堂，受到党和国家领导人的接见，就不知自己几斤几两了，对身边的亲人朋友，包括患难与共的夫人都不放在眼里。现在我一直在忏悔，也想通过这段经历警示在座的企业家，要欣然接受人生的酸甜苦辣。

这两天的课程，我感觉是对心灵的进一步净化。只有去掉我们的强势、傲慢，让亲友和员工真正看到自己的改变，家庭才会和谐，企业才会改变。同时还要在拥有之后学会给予，一是经济上的给予，二是像法师那样，给予精神上的无形价值。那么就会像同频共振那样，使身边的正能量越来越多。

我的问题是，从事餐饮行业二十多年，很多人劝我放下，因为涉及杀生。但现在企业的效益很好，全国有一千多个伙伴，也养了几万名员工。我就很纠结，既舍不得放，也不敢面对这个问题，还请法师开示。

济群法师：这种问题很不好回答，不是问题本身有难度，而是有点不忍心说。在社会上经营一份事业，把它从无到有地做起来，确实很辛苦。对很多人来说，这是自己长期以来的经历和价值所在，其中还包含社会责任。既然你在纠结，就说明自己也知道问题所在。

从法律层面，餐饮行业是合法的，同时也代表社会的需要，只要诚信经营、不伤害他人即可。至于食材，除了国家保护动物，其他的也没关系。但作为学佛者，对职业的道德性会有更高要求。从众生平等的角度，我们不仅要对保护动物慈悲，还要对一切动物慈悲。因为每个生命都贪生怕死，这点是相同的。

餐饮行业涉及杀生，可以说，其生存是建立在伤害生命的基础上。即使能获得眼前利益，但同时会造下很多杀业。对于认真学佛的人，这种职业显然是不可取的，需要加以调整，所以不少人学佛后转行开素菜馆。当然这有难度，现在很多人肉还没吃够，对素食也存在误解，市场还不太成熟。不过这个行业是有前景的，港台地区就有很多素菜馆，国内的大城市也开始以吃素为时尚。究竟是放下还是转行，关键看你的决心，看什么对你更重要。

把握生命流转的方向

嘉宾：很珍惜分享的机会。本来我还觉得自己是个企业家，是个高管，参加两天的活动后，从内心对这个身份认同有点抵触，感觉这可能代表一种执着，可能在学佛时比常人面对更多障碍。佛法有个基本概念是六道轮回，那么众生最初是怎么进入轮回的？

轮回的主体是什么？我觉得，这些基本概念可以帮助我逐步放下对自我的执着。

济群法师：这是现代人普遍感到困惑的问题。其实，六道轮回不仅是佛教思想，也是印度文化普遍认同的。包括中国古代乃至古希腊的文化中，也多少带有轮回的观念，如人死为鬼等。只是不像佛教那样，对生命如何延续提供了系统的哲学理论。

说到轮回，人们都会关心它的开始，进一步，又会延伸到宇宙何时开始（时间）、有没有边际（空间）等问题。这也是现代科学不断探索的。人类在认识宇宙的过程中，从地心说到日心说，再到现在所认为的，宇宙出现于130亿年前的大爆炸，不断有新的拓展。但爆炸之前是什么？目前仍是不可追溯的。而在佛教看来，法界是无限的存在，无内外，无始终，只是强立名为法界而已。

生命也是同样。可以说，轮回既没有开始，也没有结束。只要没有解脱，就会在无明推动下不断重复。因为无明，我们看不清生命和世界的真相，从而制造种种烦恼，产生种种行为。这些行为又会进一步演变为习惯、心态、人格。每个生命对世界有不同的思考和行为，形成不同的积累。这些积累又造就了不同的生命形态。

现代人很难接受三世轮回，所以我更多是说心灵的因果和轮回。比如做企业的人，每天想着怎么把企业做好，然后付诸行动，带来相应结果。进一步，又会执着这个结果，想着怎么把它做得更好，如此不断重复。搞艺术的人，在艺术的追求和执着中轮回；做学术的人，在学术的追求和执着中轮回。可以说，每个人都有自己的轮回模式。从本质而言，轮回是一种心理模式，一旦落入这个模式，就会被惯性驱动，由需求产生想法、行为和结果，并在这样的心理模式中看世界，周而复始。又因为贪著结果，就会担心它出现变化，产生焦虑、恐惧、没有安全感。

所谓三世轮回，就是把这种心理模式延伸到过去和未来。我们来到世界时并不是一张白纸，人为什么有天赋？是代表过去生命的经验。因为不同的积累，所以今生的兴趣爱好、先天禀赋各不相同。佛教认为生命有两套系统，一是父母给予的色身，二是自身的精神积累。由过去的观念和行为决定我们现在的存在，又由现在的观念和行为决定未来的存在。这就是轮回的原理。

佛教不讲灵魂，因为灵魂是固化的，而生命延续是流动变化的。正因为它是流动变化的，所以我们可以优化生命，超越轮回。但如果没有正确观念的指引，就会每况愈下。佛经说有四种人，一种是从光明走向光明，另一种是从黑暗走向光明，还有一种是从光明走向黑暗，最后一种是从黑暗走向黑暗。走向哪里，取决于是否有智慧，否则永远是身处黑暗。哪怕曾经有一点善根，但把握不住，就又会回到黑暗中，永劫沉沦。

因材施教加以引导

嘉宾： 我曾带着儿子，因为长江徒步挑战赛和您见过面。儿子当时问您，怎样才能自律？您让他学会“戒”。他回去后，就把电脑和手机都交给我管理了。我儿子非常聪明，是第45届奥林匹克物理竞赛的世界金奖，现在在麻省理工学院。我很希望他能接触佛法，带他进了很多寺院，也给了他很多书籍。但我对他谈佛法，他就谈科学；我说西方极乐世界，他说那是外星球；我说有心电感应，他说那是量子纠缠。反正怎么都说不进。我自己学佛后切实感受到，这是再好不过的出路，但如何才能让这种高智商的年轻人接受佛法？

济群法师： 你们之间的说法并不矛盾，只是缺少良好的沟通方式，表现出来就是鸡同鸭讲。所以你要根据年轻人的语境来交流。比如怎么理解量子纠缠？两个量子在无限远的距离可以发生联系，内在原理是什么？单纯从物理学来看，连爱因斯坦都无法理解，认为是“鬼魅般的超距作用”。但从佛法来说就很简单，因为“一即一切”——法界是一体的，宇宙在本质上是一体的。既然是一体的，本身就有内在联结，不论相距多远，其实还是相连的，只是有不同表现而已。至于极乐世界在哪里，是不是外星球，也不必急于下定论。

现代科学否定了曾经的地心说和日心说，但至今仍在不断拓展认识，并认为宇宙中的可见物质不到5%。仅仅这一部分，我们目前还不能完整认识。科学是从现象来认识世界，这种探索每推进一点，都会发现更为巨大的未知，所以不要轻易用现有认知来解读一切，而要以开放的心学习。总之，你要选择适合他的沟通方式，善巧地加以引导。

佛菩萨为何度众生

嘉宾：学了一些佛经，有时似乎想明白了，有时还是不明白。之前，我感觉自己慢心很重，但学佛后感觉自己很陋劣。那佛菩萨为什么要救我们？我们和佛菩萨有什么关系？

济群法师：佛菩萨为什么要救我们？因为佛菩萨已经证悟到，法界一切众生，乃至天地万物，在本质上是一体的。什么是一体？就像你身上痒了，手就会去抓。这是自然反应，不会考虑我为什么要去抓，这么做有什么好处。

凡夫因为迷失觉性而有种种迷惑，不知道什么代表自我，也不知道如何认识自我。我们都想获得幸福，但既没有智慧，也缺少方法，反而给人生带来种种不如意。因为对自我的狭隘设定和执着，我们把自己和他人割裂开来，和世界割裂开来。这种割裂其实是人为造成的。就像世界上有一百多个国家，这些差别也是人为的。只有去除我执，才能真正实现人类命运共同体，否则就会有割裂，有对立，有贪嗔。所谓贪，是对认定为我的部分，想要牢牢抓住；所谓嗔，是对非我的部分，产生对立、抵触和排斥。而佛菩萨已彻底去除自他界限，对众生的一切痛苦感同身受，不分你我。只要众生需要，佛菩萨就会闻声救苦。

主持人：佛菩萨为什么要救度众生？因为众生本来就是一体的。久远以来，从佛陀出世到历代祖师大德的薪火相传，他们从来没有放弃我们。每一次的因缘汇聚，我们都是在这样的同体大悲中，享受这份慈悲和智慧。在为期两天的企业家静修营将要结束之时，我们祈请法师做最后的结营开示。

结营开示

济群法师：大家的善缘很好。因为报名者很多，能被录取，是多生累劫的福德因缘。这两天的学习和禅修，对大家来说应该是不一样的体验。我们从以往的关心生存和生活，到现在重视生命问题，不仅认识得到提升，心灵也会得到滋养，学到了如何观心和调心。

生命问题是每个人应该关心的，但对于人生永恒的困惑，单靠自己很难想清楚。不必说普通人，即使对哲学家都不容易。因为以我们有限的认识和思考，无法解决无限的问题。而佛法是佛陀通过修行亲证的宇宙真理，也是人生的大智慧，对这些问题有着圆满的解答。虽然你们通过两天学习有了一点收获，但想保持这种状态，还要继续努力。因为生命是无尽的累积，当我们想要改变固有观念和串习时，会引起强烈的抵触和反弹，所谓江山易改本性难移。虽然有难度，但这是必须做的。因为我们在世间拥有的一切都是身外之物，只有改造生命，造就更美好的自己，才具有尽未来际的价值，所以这种学习至关重要。

大家做企业，不管做得大还是做得小，做得成功还是失败，都会投入很多精力。现在我们要实现生命永恒的福祉，没有正确的态度和方法，不投入精力，也是做不到的。对于学佛来说，不仅要有方法和引导，还要有良好的氛围。我们这两天学了怎么吃饭，怎么走路，怎么在行住坐卧中用心。在道场的大氛围中，心容易安静、专注、保持觉察，回到社会之后，没有氛围的提醒，如何把正念带入生活，使所学佛法智慧成为我们的世界观、人生观、价值观，成为主导生命的力量，成为解脱烦恼的武器，要下的功夫还很多。包括这两天的讲座，虽然大家听得很欢喜，但多半是在似懂非懂的状态。真正把它彻底听懂、领悟并完全接受，需要进一步学习。

科技的飞速发展，使未来世界只有一点是确定的——那就是不确定。在这种大环境下，人越来越找不到自己。与之对应的，则是掌握的工具越来越发达。从核武器到人工智能、基因工程，如果这些工具不能得到合理使用，世界将面临越来越多的潜在危险。所以我们要致力于对自身的认识和提升，否则就越来越不容易幸福。佛法智慧正是帮助我们找回自己、认识自己、提升自己，这样才能健康、平安、幸福，否则很难说未来能过得怎样。我们希望，三级修学能为大家提供更多的服务。

观自在、有为法及其他

“观自在”观什么

问:《心经》第一句“观自在菩萨行深般若波罗蜜多时”，有什么内涵?

济群法师:“观自在菩萨行深般若波罗蜜多时”，是阐述《心经》的修行及本经所解决的问题。观自在菩萨，就是我们熟悉的观世音菩萨，前者是玄奘三藏翻译的，后者是鸠摩罗什翻译的。

观自在，这个名字意义重大。观，是一种禅修，也是我们内心的观照智慧。禅修包括止和观两方面。所谓止，就是训练专注，培养定力；所谓观，就是由定力生起的观慧。就像水在混浊、动荡时，根本看不清其中有些什么。只有当水逐渐静止，泥巴等杂质沉淀下去，才能把一切看得清清楚楚。

心也是同样。如果对念头缺乏观照，就会在不知不觉中陷入情绪。通过观照，纷飞的念头才能逐渐平息，不再产生干扰。当内心没有烦恼和负面情绪时，生命就自在了。这种自在是由观照获得的，所以叫观自在。

“行深般若波罗蜜多时”，是阐述观自在菩萨的修行过程。行深般若，就是契入甚深智慧。以这种智慧看世界，当下就能“照见五蕴皆空”，看到一切都是条件关系的假相，看到万物乃至宇宙的本质就是空性，就有能力摆脱所有的痛苦和灾难，“度一切苦厄”。《心经》的修行要领，尽在其中。

有为法的六个特征

问：怎么理解《金刚经》的“一切有为法，如梦幻泡影，如露亦如电，应作如是观”？

济群法师：所谓有为法，是与无为法（空性）相对的，属于现象层面，由各种条件决定它的存在，包括心理和物理现象，也包括我们看到乃至看不到的一切。它们到底是什么样的存在？《金刚经》用六个比喻告诉我们：

一是如梦，往昔发生的一切就像梦境一样。我们想想自己的过去，再想想曾经做过的梦，两者有什么本质区别？所以佛教认为，人生不过是一场大梦而已。

二是如幻，这是古印度的一种幻术，类似魔术。幻师可以变化出种种事物，看起来很真切，但都是变现的，并非真实不变的存在。

三是如泡，就像水泡一样，随时都会破灭。佛教认为一切都是无常的，如果对世间抱有永恒的期待，就无法接受事物的改变和消亡，给自己带来无谓的痛苦。

四是如影，就像影像一样。佛法认为，我们看到的世界只是呈现在内心的影像，并非固定不变的存在。现代科学也证明了这一点。比如最近有个科技产品，盲人可以通过某种特殊眼镜收集外部信息，再将画面转换成信号传输到大脑，形成三维影像。

五是如露，就像露水一样，日光出现就消失了。这是说明其存在的短暂。

六是如电，就像空中的闪电，只是刹那间的显现，无法久住。

这些比喻都是说明世界的无常和虚幻。人生几十年似乎挺长，但相对宇宙的时空来说，不过是短短一瞬。看到世间的无常和短暂，是让我们放下对轮回盛事的执着，否则只是徒增烦恼。同时还要珍惜人身，努力修行，否则时光一去不返，就悔之晚矣了。

好人有好报吗

问：鲁迅小说《祝福》中的祥林嫂，是人畜无害的中国传统女性，结果却失去孩子，还被他人唾弃，最后她把所有钱捐到寺院做门槛，要修来世。生活中，也有很多好人遭受不公平待遇，如何看待这种现象？

济群法师：确实能举出不少例子来说明好人没好报。这主要是因为我们对好人有较多期待，觉得他们应该有好的结果，一旦看到和想象不符的，就觉得天道不公，并把这个现象扩大化，将此看作一种常态。关于这个问题，应该从大数据来看，而不仅仅是根据个别事例和自我感觉下结论。

好人到底有没有好报？有人说，“大家都不讲诚信，你讲诚信就是傻瓜”“大家都没利他心，你去利他就是傻瓜”，是这样吗？如果我们做个调研：你希望自己的朋友有诚信还是没诚信？有利他心还是没有利他心？相信大家都希望自己的朋友是诚信、利他的。事实上，这样的人也能得到社会认可。在相同能力和背景的情况下，如果你多了诚信和利他心，通常会比别人更容易成功。

反之，那些不讲诚信、自私自利的人，即使偶有所得，也是难以维系的。

从另一方面来说，我们对好人的判断往往是片面的，是出于自己的感觉。但人是多方面的，生命的因果更是错综复杂，善恶业不能相互替代，并不是具有某种优点或做了某件好事，就会在各方面得到回报。更何况，佛教的因果观是贯穿三世的。所以对由业感果的观察不仅要全面，更要长远。

学佛的诉求和选择

问：对于刚接触佛法的人，是念好一本经好，还是多看点书好？

济群法师：怎么学佛，确实是一件大事。佛法博大精深，法门众多，尤其在今天，网上的相关资料铺天盖地，让人无所适从。但修学不是单纯地念个经，或是随意地看点什么，做点什么。应该怎么开始，还要看你的目标和诉求。

如果只想今生过得幸福，可以学点人生佛教，看看"心灵创造幸福""佛教的财富观"等小丛书，建立正确的三观。然后念念

《金刚经》《心经》，拥有相对超然的心态，对名利不要太执着，同时多些爱心，宽厚待人。做到这些，对人生会很有帮助。

如果不满足于此，想通过学佛断除烦恼，进而走出迷惑，走向觉醒，达到更高的生命境界，就要系统学习。修行是一条道路，由很多站点连接起来，其中第一步怎么走，第二、第三、第四步怎么走，必须有清晰的次第。就像上学那样，从小学、中学到大学，是循序渐进的。此外还要有氛围，有一群伙伴共同成长。就像企业家有俱乐部，经常在一起切磋。修行也是同样，需要通过交流互相增上。我们现在提供的三级修学课程，就是引导大家有次第地修学佛法，同时提供一套行之有效的学习方法。

证悟和根机

问：在汉传佛教中，众生成佛需要三大阿僧祇劫，也有的传承说一世即可成佛，为什么有那么大的差别？既然有捷径，为什么还要慢慢地修？

济群法师：抵达修行目标，确实有不同途径。从汉传佛教来说，也有顿教和渐修之分。但不论是禅宗“直指人心，见性成佛”的顿悟，还是藏传所说的一生成办，其功德和圆满佛果是有差距的，只是在心性层面的证悟，不是说方方面面都像佛陀那么圆满。

虽然顿悟是修行捷径，但对学人根机的要求很高，必须是上根利智，同时要有明眼善知识指点，才能在因缘成熟时，一超直入如来地。如果没有这两个条件，是学不上去的，反而容易成为口头禅。现代人尘垢深厚，且干扰众多，所以我更提倡有次第地修学。有些方法虽然看起来慢一点，但只要你能上道，总是在不断接近终点。反之，再快的方法，用不上还是原地踏步。

从自利到利他

问：我们刚出来创业时想法很简单，就是多赚点钱，回老家有面子，满足虚荣心。过了这个阶段，感觉能做自己认可的事，也能帮到员工、客户、投资人，进而利益社会，就是从为自己，逐步开始为别人，这算是修行吗？

济群法师：从为自己到为大家，是一个提升的过程。可能有两种境界。一种是人天乘的善心，乐善好施，愿意与人分享，这是多数人的境界。另一种是菩萨道的修行，一心想要帮助他人，不为自己，只为众生，而且在做的过程中又能无我相、无人相、无众生相、无寿者相，不增长自我的重要感、优越感、主宰欲，这就有一定难度了，需要不断提升。

互动交流，坐而论道

佛法需要发展吗

问：有人说中华文化之所以源远流长，是得益于它的包容性，尊重事物的整体性和个性。我觉得，文化传承应该是去其糟粕、取其精华的过程。比如西医在进步，中医在变化，包括我读《弟子规》，老师也说有些内容不太适合现代，需要摒弃。这都说明文化在发展。但在佛教中，我没听说《金刚经》《法华经》之类出了续集，佛教就不需要发展吗？

济群法师：人类文明史上，先哲给我们留下了宝贵的智慧，但在传承过程中，确实会出现陈规陋习甚至糟粕，需要加以鉴别。但这么做主要是为了正本清源，并不等同于发展。我们今天所说的发展，类似达尔文的进化论，即物种从低级向高级进化。从科学来说，确实经历了这样的发展。比如人类对世界的认知，从地心说到日心说，再到哈勃望远镜出现后发现的无尽宇宙，始终在不断拓展和深化中。再如经典物理学到现代量子力学，对事物的认识也在不断突破。

但在人文领域中，两千多年前的轴心时代，各种文明中就出现了伟大的精神导师，除了印度的释迦牟尼佛，还有中国的孔子、老庄，古希腊的苏格拉底、柏拉图……这些智者对生命和世界的认识，构成了源远流长的文化传统，影响至今。为什么这些思想始终未被超越？因为他们是在道而非术的层面认识世界。道是直抵核心的，而核心之所以为核心，并不存在线性的、由下而上的发展。

从另一个角度来说，科技日益发达，人心和人性却没有因此提升。不论对人心的认识，还是对人性的改造，都没有超出佛法修行的范畴，都离不开止恶修善、自净其意，所以我们要做的首先是学习和继承。如果说有什么需要发展，只是在解读和传播上，要选择适合当代人的方式。而佛法揭示的宇宙人生真相，是佛陀证悟后告诸世人的，并不是某种发明创造。之所以具有永恒性，因为它是事物本身的规律，本来如此。

颜爱民教授：在认识人性的问题上，正如法师所言，两千年前和现在的人并没有本质变化。既然人性没有变化，那么基于人性的智慧肯定是有用的，所以《金刚经》没必要出续集。

努力没结果时怎么办

问：在您的书中看到“因上努力，果上随缘”，当人们辛勤努力却没得到想要的结果时，难免感到失落，我们如何疗愈自己并帮助他人？

济群法师：“因上努力，果上随缘”的智慧，正是为了疗愈我们由执着结果带来的种种压力、焦虑和痛苦。对于结果本身，我们能做的就是接纳，因为它已经存在。但要知道，任何结果的产生都取决于它的因。只有在因上努力，才是改变结果的关键所在。就像我们如果要取得好成绩，就要努力学习。

现代企业重视项目管理，这是西方通过对数万家企业几十年调研总结而成的做事模式，包括启动、计划、落实、监控、总结经验等，即做事必须抓住的要领。如果我们做事时缺乏整体观，往往会根据个人经验，或是抓不住重点，或是顾此失彼，结果可想而知。从佛法角度看，项目管理就是对因缘因果的管理。只有对事情的相关因缘有总体认识，在因上不断努力，才能达到预期结果。当结果还不理想时，先要接纳这个现实，但不是停留于此。进一步，还可以把结果变成因，继续在因上努力。

项目管理中的知识库，就是对每件事的结果进行总结，形成经验，在未来加以弥补。就像软件会有很多版本，就是把当下的果变成因，在此基础上继续优化。当我们以这样的心态做事，不论结果是什么，都可以坦然接受。因为这已是我们所能做到的最好结果，至少是当下的最好结果，有什么可失落的呢？

放下是不求上进吗

问：现在不少企业感觉培养干部很难，年轻人不想干，觉得当中层还不如当普通员工有幸福感，用法师的话说，是放弃了对重要感、优越感和主宰欲的追求。这样的话，企业如何继续发展呢？

济群法师：带着重要感、优越感和主宰欲，确实会成为某种动力。但这种动力有很大的副作用，不仅会给人带来压力，还会造成彼此的竞争，甚至纷争。如果以这三种感觉促进发展，后患无穷。但不追求这三种感觉，也并不是没有人生目标。事实上，佛教提倡发愿，儒家强调立志，都是帮助我们确立人生的目标和价值，一方面完善自身德行，另一方面承担对家庭和社会的责任。工作不仅是谋生手段，也是造福社会的途径，所以佛教并没有让人们放弃工作，反而鼓励在家居士通过工作自利利他，所谓“一切治生产业皆与实相不相违背”。

年轻人不想干，觉得当中层没有幸福感，可能有企业自身的管理因素，感觉投入得不到回报；也可能是社会风气使然，安于现状，没有更高追求。但这些现象和放下三种感觉无关，没有重要感、优越感和主宰欲，一样可以积极进取，有远大志向，但不执着。

持戒有违阴阳平衡吗

问：儒家说世界是天人合一，要阴阳平衡，包括所有的人和物。那么佛教提倡的戒律会不会有违阴阳，造成不平衡？

济群法师：儒家讲天人合一，佛教有依正不二，认为生命属于正报，山河大地属于依报，即众生依托的世界。印度文化则说梵我一如，认为宇宙是大我，个体就是小我，修行就是让小我回归大我。这种将生命和世界视为整体的思想，对保护生态很有帮助。现在西方的深层生态主义也认为，人是自然的一部分，是相辅相成的整体，而不是像过去的人类中心主义，认为世界必须为人服务。

至于人自身的阴阳平衡，在佛教的人天善法中，同样认可世间生活的合理性。比如五戒的不邪淫，并不反对正常的夫妇关系，只是禁止婚外恋等不正当关系。这与儒家伦理所说的“非礼勿视，非礼勿听，非礼勿言，非礼勿动”是一致的。但从解脱道修行来说，目标是断除轮回，所以提出了更高的要求。既认识到阴阳五行的关系，又不受限于这个关系，即“超出三界外，不在五行中”。所以对出家修行来说，淫欲是障道法，是障碍解脱的。

颜爱民教授：第一，佛教的在家戒并不排斥正常关系，所以不要担心。第二，如果境界更高一点，对自己的要求也得更高一点。这是可以选择的。

为什么有我执和自恋

问：法师说，我执导致了重要感、优越感和主宰欲，那么我执的原因是什么？我执和自恋是什么关系？有位心理老师说过，自恋是因为婴幼儿时期需求没有得到满足造成的，应该怎么解决？

济群法师：佛法认为，我执的源头是无明。所谓无明，是开启智慧前的黑暗状态。这种无明是与生俱来的，为无始无明。因为无明，我们无法正确了解自己和世界，并由错误认识产生种种烦恼、痛苦乃至轮回，所以无明是人类一切问题的根源。学佛就是要点亮内在的智慧明灯。当这盏灯被点亮，黑暗自然就消失了，所谓一灯能破千年暗。所以黑暗也是了不可得的，但在点灯之前，它是实实在在的，会让生命处于混沌中。

至于自恋，属于自我的表现方式，程度严重者会导致心理疾病。解决方式主要是改变观念，认识到自以为了不起的一切，和自己不过是暂时的关系。既然是暂时的，有什么可恋的呢？心理学的认知疗法，就是通过改变观念达到治疗结果。从佛法修行来说，具足正见后，还要进一步通过禅修清理心灵垃圾。去除我执，才是解决自恋的根本。

无念才是“我”吗

问：我曾听过一位身心灵老师的课，关于“我是谁”的问题，他说默念“我、我、我”，在我和我之间的间隙，就是真正的“我”。

怎么理解无念时才是“我”？还是说认知的那个状态是“我”？

济群法师：念“我、我、我”，容易念出我执，而不是无我。所以佛教通常是用否定的方式追问，即通过“什么不是我”来排除。既然代表“我”，必然是本质的存在，是不变且不可分割的。当我们一路追寻，把不是“我”的部分通通否定，把那些和“我”只有暂时关系的部分通通否定，才能找到真正的自己。

我们活在世上，确切地说，是活在自己的念头中。但心念并非恒常不变的，而是一念接着一念：一会儿想到家里，一会儿想到企业；一会儿想到这人，一会儿想到那人；一会儿想到这事，一会儿想到那事……其实，这些只是缘生缘灭的妄念而已，是暂时的，并不能代表“我”的存在。

禅修就是要跳出这种念念相续的状态，在前念已经过去，后念尚未生起之时，看看那是什么？在念头与念头之间，没有对象，超越二元，没有能也没有所，那才是我们的本来面目。这必须向内观照，而不是向外寻找，否则就南辕北辙了。

颜爱民教授：人都是活在自己的念头中。我们看到、感觉到的世界其实是主观映射，不是真相。正因为我们对世界的不同评判，才导致人与人的认知差异。这有点像电影，我们看到的故事是连贯的，实际是由一个个镜头连接起来。在一念过去另一念未生的瞬间，你本来的东西在那里，要向这里去观。这是讨论不出的，必须自己去观。

与企业家们说慈善

经营企业与经营人生

今天是释迦牟尼佛成道日，在这殊胜的日子和大家共结法缘，意义重大。这个日子意味着什么？成道并不是外在的成就，不是得到学位、职称、名次，而是生命的觉醒。

最近，美国《华盛顿邮报》评出世界十大奢侈品，榜首就是“生命的觉醒”。因为人们已经认识到，即使吃穿用度都是名牌，也只能改善生活品质，而觉醒意味着生命品质的圆满。换言之，让自己成为“名牌”本身，才具有究竟的意义，值得毕生追求。这个“名牌”不在于名气，也无关财富、地位，而是具备智慧和慈悲的内在品质。

这次的主题是“企业家的慈善精神”，也和觉醒有关。因为慈善离不开慈悲，圆满的慈悲又离不开智慧。所以说，慈善不只是简单地做点好事，而是通往觉醒的道路。我曾在复旦大学“心理大讲堂”上为公益人士作过讲座，探讨参与慈善的正确发心和可持续发展，主要强调了两点：一是慈善的本质和心理基础，二是慈善的价值。后者又涉及内外两方面，外在价值是慈善给受助者带去的帮助，以及受助者和社会的反馈；内在价值则是行善给自己带来的生命成长。多数人只看到慈善的外在价值，却忽略了它的内在价值，一旦外在价值和预期不符，尤其是在受助者不感恩、社会不理解的情况下，很容易心生纠结甚至退转。这正是很多公益人士面临的共同困境。如何参与慈善才能让爱心更有力量？在座的都是企业家，也是公益慈善的重要参与者，那么，是不是有财力就能做好慈善？是不是任何捐献或帮助他人的行为都具有慈善内涵？我们探讨“企业家的慈善精神”，必须认识到：这种精神的内涵是什么？应该通过什么渠道在内心建立慈善精神？怎样才能由内而外，从身口意来展现、践行并提升这种精神？以下，从四个方面和大家分享。

何为慈善

“慈善”二字大家很熟悉，它的内涵究竟是什么？如果带着种种个人目的，作秀式地捐钱捐物，是不是慈善？如果在帮助他人的同时依然违法乱纪，是不是慈善？如果没有利他心，客观上却起到让人受益的作用，是不是慈善？要回答这些问题，必须对慈和善的内涵加以界定。

1. 何为慈

慈，即与乐，是佛教的重要修行。世人都希望得到快乐，不论是工作赚钱，改善物质条件，还是从事艺术，丰富精神生活，乃至人类五千年文明，目的都是活得更快乐，更幸福。当我们生起给他人带去快乐的心，以他人之乐而不是自我感觉为目的，就是慈心。带着这样的心做善行，才是真正意义上的慈善。

佛教中，与慈同时出现的还有悲，即拔苦。世人有种种痛苦，或为疾病所苦，或为生活所苦，或为工作所苦，或为抑郁、焦虑所苦，虽然努力摆脱，却往往力不从心。我们看到众生之苦，感同身受，发愿帮助他们摆脱痛苦，就是悲。

可见，慈悲就是与乐拔苦。与此相关的另一个概念，是大慈大悲。之所以有那么多人崇拜观音菩萨，信仰观音菩萨，遇到困难求助于观音菩萨，正是因为菩萨具有大慈大悲的品质。这个“大”包含了六道一切众生，也就是说，对任何众生都平等相待，都愿意予其快乐，为其除苦，没有亲疏之分，没有人和动物之别。这种高尚品质并非与生俱来，而是菩萨多生累劫修成的，也是慈善的最高境界。

2. 何为善

善，属于伦理范畴。佛教认为，善行使生命增上，恶行令生命堕落。究竟什么行为是善的，健康而合理的？什么行为是恶的，不健康且不合理的？其判断标准是什么？可能有人觉得，只要遵守法律即可。其实，法律仅仅对犯罪行为做了界定，属于基本道德底线，很多行为虽不在法律禁止之列，却对生命发展具有负面作用。

佛教从因果来探讨善恶，认为生命发展取决于身口意三业的积累。这种因果贯穿三世，由过去的所思所言所行，构成当下的存在；又由当下的所思所言所行，决定未来的生命形态。我们希望有好的生命结果，就要从因上着手，对心念和言行加以选择。因为这一切不是发生后就结束的，还会成为种子，储存在心灵世界，影响未来的生命发展。

从个体来说，只有对眼前和未来都有益的行为，才能称为善行，即《成唯识论》所说的“能为此世他世顺益，故名为善”。反之，某些行为虽能给自己带来暂时的满足，却会对未来产生负面影响，就属于不善行。从社会来说，必须是不伤害他人，且有益于他人的行为，才能称为善行，而对自他双方构成伤害的行为就是不善行。包括现前的伤害，也包括对未来的影响。这个标准非常重要，不仅关系到自身发展，也关系到与他人的和谐相处，以及整个社会的和平安定。

佛教所说的行为，首先是思想行为，然后才是语言和身体的行为。虽然念头没表现为言行时是看不见的，但它依然会产生作用。比如你对他人充满欢喜、接纳，还是心生对立、抵触，不一定要说什么，做什么，这种情绪当下就会对自己产生影响，进而对双方关系产生影响。如果不去解决，其作用还会回到自己身上，甚至循环往复。所以说，我们选择什么行为，就会构成什么世界。而每个人的小世界又会相互影响，共同构成整个世界的场。我们希望世界充满爱，就要从自己开始积极行善。个人力量虽然渺小，但持之以恒，一定能和其他善行相互增上，改善世界。

3. 慈善的两个问题

通过对慈和善的认识，我们了解到，慈善是慈悲与道德的结合。这就涉及两个问题。

第一，如果仅仅是捐献行为，但没有慈悲大爱之心，不是出于对众生的关爱，比如带着各种世俗、功利的目的做慈善，或是作为企业家和公众人物“被慈善”，这些行为能不能算慈善？我觉得，在严格意义上是不算的。虽然他们客观上做的是好事，也能为人带去实际帮助，但真正的慈善必须以慈悲心为基础。如果不是出于慈悲大爱，只能算作善行。当然，做总比不做好，这是值得肯定的。但如果我们认识到慈善的意义，调整心念，本着慈悲大爱之心去做，同样的行为，结果将完全不同，不仅能利益对方，还能使自己得到成长。反之，带着功利心的捐献，本质上是一种交换，虽然也能获得相应福报，但会带来种种副作用。

第二，仅仅是遵循道德，并没有为他人实际做些什么，能不能算是慈善？我觉得，这也属于慈善的一部分。佛教认为，善行有消极和积极之分。消极的善行就是止恶，如五戒的不杀盗淫妄酒，既是对自我的约束，也是对众生的利益。不杀生，众生就不必担心生命安危；不偷盗，众生就不必担心财产受损；不邪淫，他人就不用担心自己或亲友被侵犯；不妄语，众生就不必担心被欺骗；不饮酒，众生就不必担心被失去理智者伤害或殃及。积极的善行，则是主动帮助他人，也就是通常意义上的，众生需要什么，我们给予什么帮助。这是慈善的两个内涵。

所以对慈善来说，行为固然重要，但更重要的是以慈悲待人，以道德自律。当我们具备这样的生命品质，不论想什么、说什么、做什么，于人于己都是有益的。那么，怎样建立慈善精神？

慈善精神的建立

在成长过程中，我们由教育和社会环境的影响，形成了各自的思想观念和行为方式。慈善精神同样来自教育和社会，来自世界观、人生观和价值观。说到三观，不少人觉得这是高大上的哲学问题，和现实人生没有太大关系。事实上，生活中的一切所思所想、所言所行都离不开三观。世界观和人生观代表了我们怎么看世界，看人生；价值观则决定了我们的选择，只有觉得什么重要，才会选择什么，把精力投向什么。三者又是相互影响的，有什么样的世界观，会决定我们的人生选择；有什么样的人生观，会影响我们眼中的世界和价值取向；有什么样的价值观，又会使我们看到不同的世界和人生。那么，慈善精神来自什么样的文化和三观？

1. 基督教的慈善精神

基督教倡导博爱，历来都有做慈善的传统，在世界各地建设了大量医院、孤儿院、学校等公益机构，热心帮助弱势群体。这种精神是通过《圣经》传承的，建立在神创说之上，由神对人的恩赐，推及人与人之间的关系，包括止恶和利他两方面。

基督徒要遵守十诫，其重点为止恶。前四条表达对神的虔诚，必须忠于耶和华；后六条代表各种文化共同倡导的基本道德，为孝敬父母、不可杀人、不可奸淫、不可偷盗、不可做假证、不可贪恋他人物品。只有具备这些品行，才能进一步爱他人，利益他人。

为什么要爱他人，而且是平等的博爱？其思想基础来自上帝对人类的爱。上帝不仅创造人类，赐予人类生命，还拯救人类于罪恶中。因为得到上帝之爱，所以人类必须“以全部的心志、情感和毅力爱上主上帝”。对于生活在尘世的人来说，怎样才能体现这种爱，更好地回报上帝？——就要遵从上帝的旨意——“彼此相爱，像我爱你们一样”。通过利他的慈善行为，信徒们可以在世间彰显这种效仿上帝的爱，从而见证和荣耀上帝。但基督教倡导的爱主要局限在教众之间，并不包括异教徒和动物，所以这种平等和博爱还是有条件的。

2. 儒家的慈善精神

儒家的慈善体现为仁爱，建立于宗法制的基础上，主要通过四书五经传承。内容包括两方面，首先是修身养性，遵循仁、义、礼、智、信的道德准则，具备君子乃至圣贤的品质；其次是仁者爱人，兼济天下。

仁爱属于世间关系，立足于家庭，再延伸到社会大众，所以“爱有等差”。这种差别是由亲疏远近决定的，从亲到疏，由近及远。“孝悌也者，其为仁之本”告诉我们，要以孝顺父母、尊敬兄长作为仁爱的根本。换言之，如果一个人不能孝敬长辈，是谈不上慈悲世人的。《孟子》的“亲亲而仁民，仁民而爱物”，包括我们熟悉的“老吾老以及人之老，幼吾幼以及人之幼”，同样是从爱自己的家人，扩展到社会大众，乃至天地万物。

3. 佛教的慈善精神

基督教是依对上帝的爱建立博爱，出于对上帝的信仰和回报而行慈善，更强调平等，但必须以信仰为基础。儒家是依对亲人的爱建立仁爱，因为将心比心而行慈善，虽有亲疏差别，但更接近人性的特点，即使不了解多少儒家思想，也容易理解并认同这种爱。那么，佛教又是依什么建立慈善的呢？

（1）从因缘因果建立慈善

佛法认为，生命延续遵循因缘因果的规律，由不同行为带来相应的生命结果。说到因果，人们更多想到的是外在报应，而且是实时、可见的报应。有了这样的设定，往往会对因果心生疑惑，觉得好人未必有好报。事实上，从因感果还涉及种种条件，并不是即刻就会发生的，也不是我们以为的那么机械和对应。其中有相似的等流果，还有不同的异熟果。但基本原则是相同的，那就是善因得乐果，恶因得苦果。就像种瓜得瓜那样，本质是不变的。

比外在因果更重要的，是内在的心灵因果。我们今天能成为这样的人，和所受教育、人生经历有关，也和每天的起心动念有关。生活中，有人贪得无厌，有人知足常乐；有人嗔心炽盛，有人慈悲调柔；有人极端自私，有人无私奉献……为什么有这些不同？正是来自日日夜夜乃至生生世世的积累。如果不断重复贪心，这种贪就会像滚雪球那样，所贪对象和程度都会随之增长，看到什么都贪，都想据为己有，最终使贪成为人格的主导。慈悲也是同样，当我们出于慈悲参与公益慈善，在做的过程中，慈悲心就会得到滋养，随之增长，使我们继续参与慈善，帮助众生，最终成为充满慈悲的人。

我们希望生命有什么样的积累？是真善美，还是假恶丑？相信大家都会选择前者。什么是真善美？是慈悲、温暖、乐于助人，还是自私、冷漠、不愿付出？答案也是不言而喻的。参与慈善，正是长养慈悲的有效途径，同时还能克服自私、化解冷漠、消除对立、建立和谐的人际关系。如果我们想拥有健康的生命品质，就要遵循道德，积极利他。这么做不仅对他人有益，同时也在成就自己。对方得到的只是外在帮助，而我们却在改善生命品质，是尽未来际可以受益的。

（2）从人心人性建立慈善

佛法认为，人有佛性，也有魔性；有善心，也有不善心。如果发展善心，就能提升生命，最终证悟佛性；如果发展不善心，就会沉沦堕落，甚至与魔无异。可见，选择并发展什么非常重要。很多人重视高考志愿，其实那只是一次选择而已。人生中，我们时刻都要做出选择，不要觉得这些选择微不足道，长此以往，它们会成为串习，决定生命走向。所以佛陀一再告诫我们："莫轻小恶，以为无殃；莫轻小善，以为无福。"

怎么长养善心？慈善是最为重要的途径，由慈心而修善行，由善行增长慈心。在具体实践中，一方面要尽己所能地帮助众生，另一方面要培养对众生的慈悲之心。因为我们的能力很有限，无法满足众生的所有需求，只能随分随力地做，但这份慈悲心可以是平等且无限的。不管在什么情况下，都不能以任何借口祸及众生，不能为了某些众生伤害另一部分众生，更不能打着高尚的旗帜让众生做出牺牲。

对佛法修行来说，众生甚至比佛更重要。因为佛陀只是榜样和引路者，并不需要我们为他做些什么。只有处处以众生为中心，时时利益众生，才能去除我执，圆满慈悲。正因为慈善可以成就佛菩萨那样的悲智二德，所以贯穿了三乘的修行。在人天乘，慈善可以积累资粮；在声闻乘，慈善可以成就四无量心；在菩萨乘，慈善更是修习六度、自利利他的主要手段。

相比其他的宗教和哲学思想，这种依因缘因果和人心人性建立的慈善精神，更具有普世价值。即使对没有信仰的人来说，只要想成为更好的自己，就必须发善心，行善事，种善因，才能得到希望的结果。

4. 从闻思修建立观念

以上，说明了文化传承对建立慈善精神的重要性。但很多时候，我们虽然学了种种道理，不过是知道而已，并没有让这些文化成为自己的精神，也就是人们常说的“道理我都懂，就是做不到”。为什么会这样？因为我们只是在学知识，生活中还是沿用固有串习，并没有运用所学，指导自己的所思所言所行。怎样才能让概念成为观念，使慈善文化有效传承，慈善精神落到实处？

关于这个问题，佛教提出了非常经典的三个字——闻、思、修。闻包括耳闻目睹，属于接收信息的过程。思是运用理性思维，了解这些文化究竟阐明了什么道理、是不是合理、对人生有什么意义。当我们通过思考认可这些道理，才会在理解的基础上接受，进一步转化为自身观念。否则，终究是和道理隔了一层，虽然知道，但无法起用。修则是在生活中实践，运用这些观念待人处世，使之在内心深深扎根。这个过程就像吃饭，闻只是看到食物；思是吃下食物，吸收营养；修是让营养发挥作用，进而带来新的能量。孔子的“学而不思则罔”也是告诉我们，要运用理性建立并强化观念。只有让道理成为自己的观念，才能时时处处地运用它，使心态得以修正，生命品质得以提升。

慈善精神的实践

说到慈善精神，有知和行两个方面。首先是知，通过文化传承建立观念，在内心认可慈善的意义；其次是行，让自己的身口意三业践行并强化慈善精神，切实利益他人。如果说慈悲是慈善的根本，那么慈善就是慈悲的落实，以及检验真伪的标准。比如一个人自以为很慈悲，却在他人需要帮助时无动于衷，不愿施以援手，显然不是真正的慈悲。

在具体实践中，基督教一方面致力于慈善救济事业，另一方面传播福音，让人们由信主得到拯救，属于物质和精神的双重慈善。儒家是立足于五常、五伦的道德准则，引导人们成为有德君子，进而帮助自己的亲人朋友，再扩展到社会大众，从修身、齐家而能治国、平天下。包括儒者崇尚的“为天地立心，为生民立命，为往圣继绝学，为万世开太平”，也昭示了崇高的慈善境界。

佛教又是怎么落实慈善精神的呢？前面说到，慈善贯穿了三乘修行，但重点体现在菩萨乘中。因为人天乘是以人天乐果为目标，声闻乘是以解脱为目标，主要基于自利。唯有菩萨乘修行才以利他为核心，由利他而于自身圆满佛菩萨的悲智两大品质。而且从发心到实践都有深入的引导，可以说是究竟的慈善。

1. 发菩提心

菩提心，是觉醒而利他的心。可能有人会说：觉醒和慈善有什么关系？从佛法角度说，如果不能解除迷惑，认清人生和世界的真相，就会不断招感痛苦，这样的生命是没有出路的。所以一切慈善都要立足于觉醒，并最终导向觉醒，才能真正令众生离苦得乐。否则的话，即使能为他们做一点物质慈善，但带来的帮助很有限，只是解决暂时的生活问题，不能让他们安身立命。可以说，这也是目前很多公益慈善面临的困境，一个问题解决了，新的问题又接踵而至。因为凡夫生命就是制造痛苦的永动机，如果不在根本上改变，麻烦是源源不断的。

西方历史上，有柏拉图的理想国、托马斯的乌托邦、康帕内拉的太阳城，中国的儒家也曾提出大同世界，这些都寄托了先贤的美好愿望。但直到今天，仍不过是理想而已。因为理想社会的基础在于人心，如果人心和人性存在种种问题，即使科技再发达，物质再丰裕，也是不可能实现的。就像现在，我们已经有了古人无法想象的物质生活，但社会问题依然层出不穷。佛法认为，要建立理想社会，必须从净化人心开始。当人的内心清净了，外在世界才会清净，所谓“随其心净则国土净”。

发菩提心，一方面是确立“我要帮助一切众生”的愿力，另一方面是认识心性，走向觉醒，这样才能有效地自利利他。从自身而言，能有智慧地践行慈善，长养慈悲；从众生而言，能得到物质和精神的双重帮助，得到现前和长远的双重利益。如果大家能本着菩提心做慈善，实为众生之幸、社会之幸。

2. 平等慈悲

我们有不同程度的慈悲，但往往只是局限于自己喜欢的、有关系的人，或是虽无亲无故但打动自己的对象。比如很多从事动物救助的慈善人士，就是因为不忍动物遭受苦难而投身其中。不管哪一种，很难对众生无分别地平等慈悲。有人对亲人很慈悲，对外人很冷漠；有人对同类很慈悲，对动物没感觉；有人对被救助动物很慈悲，但不觉得苍蝇蚊子也是生命，甚至会用某些动物来喂养另一些动物。

为什么会这样？是因为自我的设定和执着。我们只在乎自己心中的生命，只对他们的痛苦有感觉，而对此外的一切是绝缘的。这种不平等的心是无法看到整体，也接收不到全部信息的，其中还会隐含贪和嗔的成分，是有副作用的，很难真正做好慈善。就像通信基站没有覆盖的地区，运营商就无法提供服务。

佛菩萨之所以能闻声救苦，有求必应，正是因为他们心中装着一切众生，平等无别。这样的心也是我们本自具足的，只是因为自我的狭隘设定，才使它变得很局限。这就必须通过修行撤除设定，使心恢复虚空般的本来状态，接纳众生，接纳万物。在此基础上，才能建立平等、无限的慈悲。

当我们平等慈悲一切众生时，慈善的修行才能圆满。本着这样的心行，所做的每一件善行才是纯粹的。在事相上虽然有限，也会受因缘制约，但于自身成就的慈悲是无限的。那样的话，我们的所思所言所行，乃至一切的一切，都能散发慈悲的力量。

3. 修习六度

大乘佛教中，以布施、持戒、忍辱、精进、禅定和智慧六度作为修习善法的途径，这也有助于我们践行慈善。

（1）布施

布施，包括财布施、法布施和无畏施。财布施，即社会上常见的捐钱捐物，给予物质支持。法布施，是令对方获得知识技能，能够自力更生，是更为长远的帮助，所谓“授人以鱼不如授人以渔”。而最究竟的是引导对方认识佛法，找到人生目标。无畏施，是让众生获得安全感，不担心自己的生命、财产受到损害，同时在精神上独立自主，而不是心无所依。在人们普遍缺乏安全感的今天，这种帮助尤其重要。通过布施，不仅可以利益众生，也能使我们广结善缘，打开心量。

（2）持戒

持戒，包括止恶、修善、利他三大原则。止恶是不以任何理由伤害众生，哪怕是帮助其他众生的理由。这是我们做慈善时特别需要注意的，不能觉得自己在帮助别人，就有了某种“特事特办”的豁免权。要知道，善恶都会招感果报，是不能相互抵消的。修善是在止恶的基础上，进一步修习善行。利他则是尽自所能，以实际行动帮助众生。也就是说，我们做慈善时必须以道德自律，所作所为首先不能伤害众生，其次是属于善行，最后是能利益对方，符合这三点，才是没有副作用的慈善。

（3）忍辱

忍辱，包括耐怨害忍、安受苦忍和谛察法忍。耐怨害忍，是被他人伤害时安然接纳，理性对待，不因此产生对立和嗔恨。比如我们做慈善时，有时会被对方或社会误解，甚至恩将仇报，如果不能接纳，就无法心平气和地解决问题，更容易心生退转。这正是很多公益人士备受困扰的问题。因为受助者形形色色，而整个社会对慈善也缺乏应有的理解和支持，在这样的大环境下做慈善，特别需要接纳的智慧。

安受苦忍，是接纳环境和身心的不如意，如严寒酷暑、身体病痛、工作压力等。很多企业家的创业过程非常艰辛，正是因为他们忍人所不能忍，行人所不能行，才取得事业的成功。做慈善同样需要坚持，需要克服重重困难。

谛察法忍，是突破思想的局限。在座的都是社会上的成功人士，有自己的工作、生活和人生经验。而我们的成功又在某种意义上说明，过往经验是可行的。这就容易使人变得自我，难以接纳更高的智慧，并习惯按自己的方式行事，而不是体察对方的真正需求。对做慈善来说，同样要以开放的心理解对方，设身处地为对方着想，才能恰到好处地帮助众生。

（4）精进

精进，是对善行坚持不懈的努力，不放逸，不放弃。我们由传承文化认识到做人的道理，认识到慈善精神的价值，就要落实到行动中。但不论自利还是利他，都不是容易的事。因为凡夫有太多的惰性，还有强大的贪嗔痴，没有精进为动力，是无法在轮回串习中逆流而上的。

佛教中，精进又称披甲精进，就像勇士身披铠甲，在战场冲锋陷阵，不惧千军万马。修行如此，做慈善也是如此。在今天的社会环境中，修习善法的违缘比任何时代更多。从声色诱惑到名闻利养的干扰，从道德风气到价值导向的阻碍，时时刻刻都要提起强大的心力，才能坚持下去。所以精进特别重要，否则很可能半途而废。

（5）禅定

禅定，听起来似乎有点神秘，其实禅定就是持续、稳定地专注。对慈善来说，就是任何时候都保有初心，让慈善精神成为内心的绝对主导。我们心中有无数念头在此起彼伏，其中很多是负面力量，偶尔生起的善心就像星星之火，很容易被熄灭。想要布施时，贪心出动了；做慈善不被理解时，嗔心出动了。这就必须不断思维慈善的重要性，不断调动相关心行，并以实际行动强化它，形成稳定的力量，使自己的所思所言所行都能和慈悲相应，由内而外地体现慈善精神。

（6）智慧

智慧，是做好慈善的指南，包括两方面。在事相上，知道怎么做才能达到最佳效果，让有限的投入充分发挥作用；在心行上，知道怎么做才能让自己从中成长，而不只是单纯地付出。慈善本是自利利他的好事，不少人却做得不开心，甚至备受委屈。为什么会这样？就是因为缺乏智慧。怎样才能欢欢喜喜地做好慈善？

《金刚经》是大乘佛教的重要典籍，告诉我们，在修一切善行时，都要以利他而不是自我感觉为中心，不能有我相、人相、众生相、寿者相，同时不执着结果，才能保有超然的心态，使之成为修行的一部分。不少人在做慈善时，因为有我相、人相，就会在乎对方有没有感恩心，社会是不是认可，事情有没有达到预期。有了期待，难免患得患失。当然这也是人之常情，但过分看重这些的话，就会带来不必要的纠结和烦恼。

如果说慈悲是慈善的动力，那么智慧就是慈善的保障。有了智慧，才能让慈善行为不偏离，不变味。在事相上，看清哪些需要在因上努力，把该做的做到；在心行上，明确做慈善的目的和定位是什么，同时学习佛法智慧，如《心经》《金刚经》等，学会以无我、无相、无所得的心来做。在积极利他的同时，也知道这一切都是缘起的显现，如梦如幻，心无挂碍。

企业家如何建立慈善精神

在不同文化传承中，基于对世界和人生的认识，对慈善有不同解读。前面说过，基督教的慈善精神是立足于对神的信仰，因为相信神创造一切，决定一切，所以通过行善得到神的认同和拯救，但对不信神的人来说，这个理由就没什么说服力。儒家的慈善精神主要立足于宗法制，但在现代社会松散的人际关系下，这种逻辑也缺乏心理基础。

相比之下，佛教的慈善精神是立足于对因果和人性的认识，立足于对自我的完善，更具有普世价值。因为因果属于自然规律，而人性也是古今相通的。对于企业家来说，参与慈善事业不仅可以回馈社会，还能提升企业文化、完善自身生命品质，于人于己都是大有裨益的。那么，我们应该从哪些方面建立慈善精神？

1. 以慈善助力企业文化

西方企业非常重视企业文化，以此作为促进企业发展的动力。近年来，国内也在提倡儒商、道商、佛商，也属于对企业文化的探索。因为企业是由人组成的，只有具备共同的价值观，形成统一的行为标准，才能同心协力，而不是在工作中因为各自的立场产生内耗。慈善正是企业文化的重要内容，对内可以产生凝聚力，提升员工精神素养；对外可以回馈社会，展现企业形象。

怎么做好慈善？必须以具有慈善精神的传统文化为指导，知道这么做的意义是什么。如果只是感性地做点什么，往往是不稳定的，无法形成企业文化。而没有文化为背景，这些慈善也很难持之以恒地做下去。道德之所以能产生作用，并不在于信条本身，而是道德背后的思想基础。认同这些思想，我们才会自觉遵守道德，无须他人的督促和检查。为什么有信仰的人更容易受到信任？因为大家知道，信仰能使人自我约束，而不会无法无天，见利忘义。

慈善也是同样，只有以文化传承为基础，才能有智慧地践行慈善，使利他和自利统一起来。慈善并不仅仅是一种付出，同时也在长养自身的慈悲品质，使自己成为最大的受益者。当企业注入这样的精神时，一方面能承担社会责任，扶贫济困；另一方面能真诚关爱员工，引导他们建立正确的三观，拥有健康的身心，这将是最好的企业文化。

2. 以智慧实现人生价值

智慧可以帮助我们看清生命真相，知道它究竟有什么价值。就像开发矿山，首先要全面勘测，了解其中蕴藏着铜矿、铁矿还是金矿，有多少储量。如果只是看到表面的树木、岩石，认识不到它的内在价值，就不能开发利用。

怎么认识生命的价值？来自对心的透彻了解，这一点正是佛法所长。在东西方各种哲学、宗教中，佛法是直接从心性入手，由认识心性来认识世界，实现人生价值。只有认识心性，才知道生命由哪些因素组成，什么是需要去除的，什么是需要成就的。在佛教的经典和戒律中，都说到“诸恶莫作，众善奉行，自净其意，是诸佛教”。其中，止恶行善是各种道德的基本原则，而“自净其意”属于佛教特有的修行，是由认识心性、调整心行，最终明心见性，走向生命的觉醒。

现代人能把觉醒作为十大奢侈品之首，意味着我们的追求正在接近生命本质，而不是迷乱状态下的盲目追求。如果不能走出迷惑，即使拥有再多物质上的奢侈品，也只是外在装点，无法为自己带来真正的幸福感，更无法提升内在品质。对人生来说，是什么远比拥有什么更重要。让生命走向觉醒，意味着我们也会成为佛菩萨那样的觉者，还有什么比这更有意义吗？

现代人从小就要赢在起跑线上，为学业拼搏，为事业奋斗，却不为做人付出什么努力。似乎做人是人的本能，只要活着就在做人，不需要额外投入精力。我们选择学校，选择工作，选择婚姻，选择衣食住行，为种种生活琐事选来选去，偏偏不为生命发展做出选择。不少企业家也是如此，把全部精力投入事业，却忽略了如何做人。虽然钱赚到了，但自己身心不健康，生活不如意，社会不认同，这些都不是钱可以弥补的。

作为企业家，应该很善于投资和经营，但要看清楚——生命中最重要的投资是什么？最需要经营的是什么？只有确立这个根本，把企业的战略和人生的战略统一起来，把企业的成功和人生的成功统一起来，才是真正的双赢。带着这样的智慧做事，才能用世间成就来实现人生价值。做事成功的同时，做人同样成功；做人成功的同时，带动做事的成功。

企业是众缘和合的，其中有各种不可控的因素。但如果我们立足于做人来做事，不论企业怎么发展，这只是生命的一部分，是我们利益社会的助缘，只要自己尽心尽力，就能坦然接受一切变化，而不是被企业的成败左右。反之，如果把全部人生投入企业，以此为一切的话，一旦遭受失败，或是企业不再需要你，又该如何自处？

怎么做人？必须有智慧文化的传承，以此确立价值观。但这需要加以鉴别，谨慎选择。因为现代社会资讯发达，市面上有各种与心灵相关的课程，其中还有附佛外道，一不小心，自己的精神系统就会被占领。就像入侵电脑的垃圾软件甚至病毒，非但不能解决问题，还会造成一系列的混乱，甚至让系统崩溃。而儒释道传统文化已有两千多年的传承，不论在理论还是实践方面，都经过了长期检验，有无数成功案例。尤其是佛法，其深度和广度正在引起全世界的重视和推崇，用好这个宝藏，可以开发人生的终极价值。这才是最值得投资和经营的。

3. 以止恶作为道德底线

止恶是做人的道德底线，也是建立慈善精神的基础。现代社会急功近利，在这样的大背景下，不少人为了追求利益最大化，造作种种不善行，或是掠夺资源，制造污染，使生态环境严重恶化；或是造假贩假，恶性竞争，使社会风气每况愈下。其中也包括企业家。如果不从根本上改变恶行，即使在赚钱后做一点慈善，和对社会造成的伤害相比，不过是杯水车薪。从自身来说，也无法抵消恶行带来的苦果。

作为企业家，占有比普通人更多的资源，相应地，也要承担更多的社会责任，尤其应该关注自身言行。因为你的言行会被身份和所处地位放大，善行会被放大，恶行同样会被放大，造成更恶劣的影响。所以我们要时时提醒自己：谨言慎行，诸恶莫作。在此基础上，积极建立慈善精神。用现在的话说，止恶是基础版，修善是升级版，利他是至尊版。如果没有基础，升级一定会遇到问题。

从自身来说，恶行会构成生命的负面积累，使自己成为受害者；从社会来说，恶行会破坏他人的信任，影响与你的合作。有些人觉得在商言商，似乎商业行为是独立的，与道德无关。事实上，世间一切都是众缘和合的，做企业同样离不开顺缘的成就。顺缘从哪里来？来自往昔的善根福德，也来自今生的所作所为和道德品质，即所谓“得道者多助，失道者寡助”。

当然，很多人并不是喜欢作恶，只是为了牟利，以为遵循道德就会吃亏。其实这是非常短视的行为，是没有看到道德的价值。我们想一想，如果自己交友或找人合作，难道不希望对方是诚信的，有爱心、讲道德的吗？难道不想与这样的人长期合作吗？将心比心，对方同样希望我们是这样的人。有道是，物以类聚，人以群分。一个唯利是图的人，往往会遇到同样算计的合作者，彼此斤斤计较；而一个止恶行善的有德者，才能广结善缘，得到大家的尊敬和襄助，反而获益最多。不论在东西方，成功的老牌企业都有自己坚守的道德准则。而那些缺乏底线的企业，即使一时得利，也好景不长。除了经营问题，缺乏道德正是主要原因。所以我们要相信道德的价值，它不仅有利于自身成长，还能得到社会认同，让事业永续。

4. 以利他培养慈悲大爱

除了止恶，我们还要积极利他。慈善的本质，是以博爱、仁爱、慈悲大爱帮助众生。当然，人有本能的恻隐之心，就像孟子说的“乍见孺子将入于井，皆有怵惕恻隐之心”，因为不忍看到他人受苦而施以援手。但仅仅这样还不够，因为动物也有类似的表现。

作为万物之灵，人身的殊胜就在于能对行为做出道德判断，从而止恶修善。通过利他，可以将我们已有的爱心不断扩大，乃至无限。

利他，关键是把对自己的关注转向他人。对他人多一分利益，对自己就少一分执着。相比过去，当今社会的人际关系更为冷漠。一方面是因为家庭结构改变，小家庭普遍取代了过去的大家庭，亲缘之间变得疏离；另一方面是因为居住环境比较封闭，邻里之间少有交往。这都使得自我设定的范围越来越小，对这个范围以外的人越来越没有感觉。这种隔阂也是造成种种社会问题的重要原因。今天之所以有那么多心理疾病患者，和自我封闭、自私自利有很大关系。一个人每天想着自己，心势必越来越狭隘，越来越患得患失。因为封闭，负面心行就会不断自我复制并发酵，使自己深陷其中，百般纠结。只有打开心量，关爱众生，那些因我执而起的负面心行才会失去生长环境，随之弱化甚至消除。

在利他过程中，我们会接纳更多的人，从自己喜欢的人，到没什么感觉的人，最后是曾经的冤家仇敌。心胸也会随之打开，变得宽广。进一步，我们还能以布施克服悭贪吝啬，以持戒克服放逸散漫，以忍辱克服嗔恨对立，通过这些善行，使心越来越开放，从而消除隔阂、冷漠、对立，看到每个人都觉得很亲切，很欢喜。儒家说四海之内皆兄弟，佛教说一切众生在轮回中都和自己有过父母、兄弟、姐妹的关系。当我们看到每个众生都能心生欢喜，把欢喜传递给对方，就会发现，对方看到自己也是欢喜的。反之，当我们对他人心生隔阂时，他人看到你也如隔千里。

所以，利他可以成就慈悲大爱，改善人际关系，建立和谐社会，还能使我们成就无量福德。有句话叫作“小钱是赚来的，大钱是修来的”。运气从哪里来？从福报来。福报从哪里来？从慈悲来。而慈悲和利他是相互增上的，因为慈悲心而利他，因为利他行而长养慈悲。当我们真正具足慈悲时，福报一定会源源不断。

结说

以上，重点和大家分享了企业家的慈善精神。首先要正确认识慈善，其次是通过传承智慧文化，认识到慈善的价值，建立慈善的精神。有了这个前提，慈善行为是无所不在的。每天的起心动念、待人接物，都会包含这种精神。因为我们整个生命都是慈善精神的体现，而不是局限在某些行为。在当今社会，贫富差距越来越大，资源分配严重失衡，特别需要以慈善来调节矛盾。

作为企业家，大家已在物质上取得了一定成功，如果能承担起应尽的社会责任，本着慈善精神积极利他，不仅能使大众因为你的付出而受益，还能使自己在利他过程中提升生命品质，实现做人的成功。这种成功又会使得事业的成功更有意义。对人生来说，财富是生不带来、死不带去的。如果把赚钱作为目的，赚得再多也只是暂时拥有，本质上是没什么意义的。它真正的意义是能否造福社会，泽被后世。希望大家把企业作为践行慈悲大爱的平台，用自己的能力，使财富和资源的使用更合理，在利益大众的同时，圆满自己的生命品质。

佛教的财富观

经营企业与经营人生

当今社会的发展不外乎两大内容：一是经济，二是科技。

的确，经济发展极大改善了人们的物质生活。仅仅在二十多年前，我们的生活所需还是定量供应：需要粮票才能购买食物，需要布票才能购买衣服……两相对照，其间的变化是大家有目共睹的。变化不仅表现在衣食住行上，同时也反映在城市建设方面，特别是一些沿海城市，其现代化程度和任何一个国际大都市相比都不会逊色。

科技带来的便利也使我们不再感觉到时空的距离，尤其在网络风靡全球的今天，天下一家的梦想已在某种程度上得到了实现。这一方面使我们获得了前所未有的便利，但在另一方面，现代生活方式和传统价值观念之间所形成的冲突，正日益困扰着我们的心灵。

发展又导致了激烈的竞争，并由沿海波及内陆，由城市波及村镇。在今天的乡村，田园牧歌式的恬静风光已难以寻觅，取而代之的是林立的乡镇企业。竞争使今天的人变得特别浮躁，生活条件虽然有了提高，但真正感到幸福的人并不多。相反，工作带来的压力，社会转型出现的无序，都使我们内心充满了焦虑和困惑。

如何才能使这些问题得到解决？我们面临的烦恼，固然起源于现实问题，但关键还是取决于我们的观念。作为组成社会的个体，我们的所作所为不仅关系到个人幸福，更影响着整个社会。今天，我想从佛法的角度，和大家谈一谈如何看待及使用财富的问题，这也是人生观的一个重要组成部分。

怎样看待财富

生活中，每个人都在以自己的方式创造并享用财富。尤其在今天，个人生活的改善，自我价值的体现，社会效益的达成，都是以财富的增长作为衡量标准。但正如俗话所说的那样："人为财死，鸟为食亡。"如果我们不能正确认识财富的作用和过患，往往就会被它伤害。

那么，佛教又是怎样看待财富的呢？

1. 毒蛇

佛经中，记载着这样一个故事：某日，佛陀率弟子阿难外出乞食，看见路边有一坛黄金。佛陀立刻对阿难说："看，毒蛇。"阿难亦应声答道："果然是毒蛇。"师徒俩的对话恰巧被附近一对农民父子听到，便怀着好奇心前来观看。一看之下，不由欣喜若狂，赶紧将黄金带回家中，以为这从天而降的幸运将改变他们的贫困生活。改变的确是发生了，但完全不是他们希冀的那样。当父子俩带着金子去市场兑换时，却被人告到了官府。原来，他们捡到的金子是窃贼从宫中盗出，在逃跑时弃于路旁的。人赃俱获，他俩有口难辩。这对乐极生悲的父子在临刑时，才领悟到"毒蛇"的真正含义。

类似的故事在现实生活中也比比皆是。近年来，甚至有部分领导干部也由人民公仆沦为以权谋私的罪犯。剖析他们蜕变的轨迹，我们可以发现，金钱是如何一步步腐蚀着他们的心灵。如不久前发生在厦门的特大走私案，直接牵涉到各级部门的工作人员达三百多人。当那些昔日地位显赫的特权阶层身陷囹圄时，想到的是什么？当他们为此付出生命的代价时，想到的又是什么？"物必先腐，而后虫生"，正是对金钱的贪婪致使他们堕落，使他们的价值观发生了严重扭曲。种种教训足以使我们警醒：金钱虽然诱人，但也有着致命的杀伤力。之所以致命，一是人类的贪欲使然，二是没有认识到财富背后隐藏的陷阱。

金钱何以会成为万恶之源？首先是来源问题，以往的生活条件虽不富足，但在安贫乐道的传统观念影响下，人们依然能够知足常乐。随着改革开放的深入，西方物质文明以其巨大的冲击力，以及金钱的诱惑和贫富分化带来的危机感，双重地困扰着人们。在利益的驱动下，许多人丧失了理智，置法律及道德于脑后，不择手段地谋取财富。或造假卖假，以不法手段来骗取钱财；或铤而走险，以走私贩毒来牟取暴利；或以权谋私，利用工作之便来贪污受贿……当这些不法行为和金钱结合在一起时，人们往往就一叶蔽目，知法犯法，在所不辞。

其次，是不正确的使用。如果拥有财富而没有健全的心智，没有处之泰然的超脱，就很可能在金钱的蛊惑下失去理智。如果说贪、嗔、痴三毒是潜伏在我们生命中的危机，那么，使用不当的财富往往是引发它们的导火索。很多骤然暴富的人，或是吃喝嫖赌，或是挥霍无度，结果使身心受到极大摧残……这是因为财富使用不当引起的过患。

最后，是对财富的执着。据有关报道，东南亚金融风波之际，香港地区精神病院病人猛增。院方为治疗这批特殊病人，以模拟的股票交易使下跌的股票上升，借此缓解他们因破产带来的心灵创伤。由此我们也可以认识到，如果将积聚财富作为生活的唯一目标，那么一旦失去财富，就会失去整个精神支柱，这样的人生无疑是可悲的。

2. 净财

佛经中，有“净财”之称。所谓净财，就是清净的财富。净财不但是维持生计的必要条件，同时还能利益社会、造福人类。那么，什么样的财富属于净财呢？

首先，来源是正当的。俗话说，“君子爱财，取之有道”。所谓道，就是正当的谋生之道，也就是八正道中的正命。只有通过勤劳、智慧获得的财富，我们才能心安理得地享用，不必有任何后顾之忧。

其次，要懂得合理使用。佛陀一再告诫我们要奉行简朴的生活原则，因为欲望一旦鼓动起来，往往就难以控制；奢侈的生活习惯一旦养成，往往就难以放弃。和地球的资源一样，人的福报也是有限的，过分放纵自己的欲望，不仅对身心有百害而无一益，更会将幸福提前支取。

最后，对财富不能有贪著之心。无论我们贪著什么，它都会成为伤害我们的利刃。所谓“酒不醉人人自醉，色不迷人人自迷”。如果我们贪著财富的话，那么没钱时我们会因贫困而烦恼；有钱时又会因为担心财富失去而烦恼。所以我们要认清财富的实质，了知财富的无常不定，而不是把它看作永恒的；了知财富在人生中的局限性，而不是把它视为唯一的。当我们真正将财富视为身外之物时，才不会被它所伤害。

“水能载舟，亦能覆舟”，财富同样如此。财富本身并无所谓善恶之分，而是取决于它的实际用途。为富不仁者以它来作恶，慈悲众生者以它来行善。因此，我们大可不必“视金钱如粪土”。只要是通过正当渠道获得的财富，我们又能合理地分配使用，以此造福社会，并且没有贪著之心，那我们就是财富的主人而不是它的奴隶，我们所拥有的财富就不是毒蛇而是净财。

财富与道德、修行

对于佛教徒来说，如何将学佛与现实生活有机地结合在一起？或许很多人都曾面临过这样的困扰。在多年弘法过程中，常常有信众就类似问题前来请教。我觉得，作为学佛的人，首先要澄清两个观念：一是追求财富和道德是否对立？二是追求财富和修行是否对立？

1. 追求财富与道德是否对立

在传统的儒家哲学中，往往将义和利对立起来，很少谈及利益。至少在表面上，大多数人都耻于言利，似乎金钱就是庸俗的代名词。应当看到，尽管君子固穷的清贫思想在中国有着悠久历史，但落实到生活中，仍不乏言行不一的伪君子。因为利益是如此实际而富有魅力，使人很难抵挡它的诱惑。

而西方人本思想则肯定了追求利益的合理性，只要在不伤害他人的前提下，对利益的追求就是道德的。正如思想家狄德罗所说的那样："一切人类社会的经济都依赖一普遍而又单纯的原则：我愿意幸福，但是我和别人一起生活，他们和我一样，也愿意幸福；让我们寻求使自己同时也使别人幸福、至少不能妨碍别人幸福的方法。"

佛教所说的善，也就是道德内涵，同样是结合利益来说明的。《成唯识论》卷五曰："能为此世、他世顺益，故名为善。"就自身而言，善行不仅对现世有益，更能惠及未来生命；就自他双方而言，善行不仅能使自己获利，同时也能利益社会大众。反之，如果只顾眼前利益而无视法律的存在，只顾个人利益而不管他人的死活，这种行为不仅和道德相冲突，从究竟意义而言，和利益也是根本对立的。佛教有这样一首偈："善似青松恶似花，看看眼前不如它，有朝一日遭霜打，只见青松不见花。"生活中，非法行为往往也能给人们带来眼前利益，或许有些无知者会感到羡慕，但真正有智慧的人却不会为之动心。因为通过非法行为得到的利益只是暂时的，这种风光绝不会长久。

作为在家居士来说，我们的行为首先要符合法律规范，同时还要符合戒律的要求。只有这样，才能为我们带来真正的利益。无论经商还是为人，信誉都是极为关键的，用现在的话说，信誉就是品牌，就是无形的资产。信誉从哪里来？就是从道德行为而来。在激烈的商战中，能够保持持久生命力的，都是那些拥有良好信誉的企业。而唯利是图的投机者，必然会落得“害人终害己”的下场。

因此，追求财富和道德并不是矛盾的。如果说道德是追求利益所应遵循的准则，那么，利益就是道德行为带来的果实和收获。

2. 追求财富和修行是否对立

很多人学佛后觉得世俗生活毫无意义，而从事世俗劳作更是在浪费生命。这也使得社会对佛教形成了诸多误解，以为学佛是消极厌世的表现，是对人生责任的逃避。学佛和追求财富真的不可兼得吗？

佛教将正当的谋生手段称为正命，反之即为邪命。假如我们放纵自己的欲望，非法求财，损人利己，这样的行为和修行自然是对立的。我们常常可以发现生活中有那么一些人，学佛的同时还在继续造作恶业，以为只要拿出部分钱财布施或供养三宝，就可以抵消自己的罪孽，可以从中获得心理平衡。其实那只是他们的自我安慰而已。我们要知道，布施和供养虽然会给我们带来福报，但并不能因此抵消恶业，更无法改变生命中累积的烦恼习气。所以我们在选择职业之时，必须符合法律与戒律的双重规范，用正当的手段谋取财富，这和修行并不是对立的。

同时，我们在工作中一样可以修行。《六祖坛经》说："佛法在世间，不离世间觉；离世觅菩提，恰如求兔角。"《法华经》也说："一切治生产业，皆与实相不相违背。"这都说明了工作与修行的统一。在我们的观念中，往往将修行理解为念佛、拜佛和打坐、诵经。事实上，那仅是狭义的、形式上的修行，"修行"二字的内涵远远不止这些。所谓修行，即对行为的修正。我们的行为包含三个方面：一是意业，即思想的行为；二是身业，即身体的行为；三是语业，即语言的行为。凡夫无始以来被无明所蔽，身口意不断造作不善之业。修行就是要用佛法的智慧来改造自己，从思想上摆脱贪嗔痴烦恼，从行为上不再造作杀盗淫妄诸业，进而能以无常见、无我见、无自性空性见，了知一切有为事相皆如梦幻泡影。所以说，时时保持正念，就是最好的修行。具备了这样的前提，所谓的矛盾也就迎刃而解了。

佛教徒能否追求财富

虽然财富与道德、修行并不是对立的，但无始以来的贪心，使我们很容易对财富产生执着。所以说，佛教徒要不要追求财富，答案并不是简单的是与否，而应根据具体情况分别对待。在佛弟子中，有出家众，也有在家众；有唯求自我解脱的声闻众，也有发愿救度众生的菩萨众。不同的身份，有不同的需要；不同的发心，有不同的追求。

1. 人天行中　责无旁贷

对于在家居士来说，首先要解决个人生计。与此同时，往往还肩负着家庭责任。为人父母者要养育后代，为人子女者要赡养老人，这都需要相应的物质条件。佛教徒要慈悲一切众生，如果我们连身边的亲人都无力照料，又怎能利益更多的人呢？不仅如此，作为公民，作为社会的一分子，我们还有相应的社会责任需要承担。如果我们连个人和家庭的生活都无法维持，本身就会成为社会的负担，并加深社会对佛教徒的误解。

除了以上这些责任和义务，身为佛弟子，还要具有助人为乐的情怀。不论是儒家还是基督教，都劝导我们要有爱心。在今天这个社会，贫富分化越来越悬殊，虽然部分人已达到小康水准，但还有很多人依然生活在贫困线之下。在边远地区，不少孩子因为家庭贫寒而失学，不少老人因为生活困窘而晚境凄凉，这些人都需要我们以实际行动去帮助。只有具备了相应的财力，才能为他们解决现实困难，提供生活保障。否则，即使有心帮助他人，只怕也是心有余而力不足。

2. 出世修行　少欲知足

作为出家僧人来说，如果倾向于出世解脱，就应奉行少欲知足的生活准则。早期的原始僧团，佛陀要求比丘们依“四依”生活：日中一食，树下一坐，穿粪扫衣，吃腐烂药。除此而外，出家后所能拥有的，不过是三衣一钵而已。因为出家就意味着对世俗生活的放弃，对物质享乐的放弃，从而排除一切干扰，将整个身心安住在对佛法的体悟中。

从修行角度来说，简单的物质条件更容易使人保持内心单纯。凡夫最大的特点就是心随境转，今天的人为什么心特别乱？就是因为生活环境太复杂了，物质享乐太丰富了，使我们不知不觉地沉溺于声色刺激中。

所以，佛法提倡的出世修行，是以俭朴的生活方式为原则。我曾去法国的梅村参访，那是由一行禅师主持的禅修中心。虽然法国的现代化程度很高，但梅村营造的氛围却简单而又自然。因为修行是为了断除烦恼、息灭妄想，在俭朴的生活环境中，物欲刺激相对要小得多，干扰也相对要少得多，心自然就容易静下来。

而奢华的生活，对财富的过多占有，都会使我们的贪著越来越大，妄想越来越多，从而对修行构成巨大障碍。尤其当我们缺乏相当的定力时，更需要以简单的生活来减少物欲，借助环境的力量来保护自己的心。

3. 积聚资粮　广度众生

菩萨道的修行与解脱道又有着不同特点。菩萨不仅要自我完善，还要慈悲一切众生，广度一切众生。在菩萨奉行的六度四摄中，都是以布施为先，包括财布施、法布施和无畏施。

药师琉璃光如来在因地修行时，曾发十二大愿，帮助一切为饥渴所恼的有情。他教导我们："应先以上妙饮食，饱足其身。"可见，物质给予也是帮助众生的方式之一。所以，发了菩提心的人可以去赚钱，可以拥有很多财富。拥有更多财富之后，才有更大的能力帮助众生。但前提是不能有贪著之心，否则就不是菩萨的境界了。

与财布施相比，法布施才能令众生真正地离苦得乐。法布施主要包括两个方面，一是生存技能，二是佛法真谛。对于生活无着的人来说，物质救济只能解决燃眉之急，而帮助他在社会上自强自立，才能使他得到更大的受用。而最为究竟的方式，则是引导他契入佛法，“以法味，毕竟安乐而建立之”。

所以说，学佛的人要不要追求财富，关键是看自己的发心，看自己是在哪一个层面上修行。如果从出世解脱的层面来说，就不应追求财富；如果想进一步发菩提心，那么，以财富来利益众生，也是行菩萨道的途径之一。

怎样追求财富

缘起的色身，必须假衣食才能延续。尤其在工业化社会，我们的个体生存和他人是分不开的，没有农民为我们提供粮食，没有各行各业的劳动者为我们提供生活所需，我们将寸步难行。一方面，我们要通过自己的劳动获得财富；另一方面，我们又要通过财富去交换他人的劳动成果。所以，学佛的人同样需要财富作为生存保障。那么，佛弟子应该如何追求财富呢？

1. 明了因果

佛法告诉我们：如是因感如是果。世间的一切吉凶祸福都不是偶然的，都是沿着因缘因果的规律在发展。

佛教讲三世因果，因而对人生也要从三世因果中去认识。贯穿着三世因果的力量为业力，包括引业和满业。引业决定了我们生命的去向：或升天享乐，或堕落地狱，或继续为人；而满业则决定了我们一生中的穷通祸福。所以说，人生的一切现象并非偶然，而是有一定的规律可循。明了人生因果的最大意义就在于，我们可以主动把握自己的命运，为未来人生规划美好的蓝图。如果我们真正懂得命运是由自身行为所决定，就不会因失意而抱怨天道不公，更不会带着侥幸心理去为非作歹。财富不是从天上掉下来的，赚钱同样有它的因缘因果之道。其中的因，既包括往昔种下的业力，也包括今生付出的努力。除此而外，还有很多客观因素，如市场需求、致富机遇等。

2. 广种福田

“人天路上，修福为先。”我们的生活顺利与否，在很大程度上取决于各自的福报。福报就像土壤，如果是肥沃的土壤，无论种什么都容易获得丰收，而在贫瘠的土地上，同样的付出却不会有同样的收获。为什么有些人事事如意？这并不是上天的格外恩赐，也不是命运的特别垂青，而是他们往昔种下的福田使然。所以对每个人来说，福报都非常重要。

收获是由播种而来，我们想要在人生中拥有福报，就要在深信因果的前提下广种福田。

福田有三。首先是恩田，对有恩于我们的一切，都要怀着感恩的心去报答，包括父母恩、师长恩、国土恩和众生恩。父有慈恩，母有悲恩，他们不仅给予我们生命，还将我们养育成人，为三界中最胜之福田。而在我们的成长过程中，师长的教诲也有着举足轻重的作用。“师者，所以传道、授业、解惑也。”我们人生观和世界观的形成，生存技能的培养，都来自师长的教育。国土恩也是我们要铭记在心的，因为国家为我们提供了生存的空间，提供了安全和福利的保障。再就是众生恩，世间生活是缘起的，要依赖各种条件，对一切有恩于我们的众生，都要知恩报恩。我们不仅要对人类怀有感恩之心，对哺育我们的自然也要心怀感恩。一个心怀感恩的人，看到太阳升起时会有感激之心；听到鸟儿鸣叫时会有欣喜之情，否则就会忽略这一切的存在，更不会懂得去珍惜，去善加呵护。

其次是悲田，就是从慈悲心出发，尽自己所能帮助千千万万需要帮助的人。在菩萨道的修行中，利他与自利是一体的。当我们帮助他人的时候，所付出的爱心和努力，就播下了善的种子。这不仅能使他人获得利益，同时也能使我们完善自己的道德，升华自己的人格。

最后是敬田，即恭敬一切应当恭敬的人，这里主要指佛、法、僧三宝。因为有佛陀作为我们修行的榜样，有佛法作为我们修行的指南，有僧团作为我们修行的依怙，我们才能在生死流转中获得真实的依靠和解脱的途径。因此，三宝对我们可谓恩同再造。我们应当以至诚的心礼敬三宝，有一分虔诚，就能获得一分佛法的受益。

3. 生存技能

除了培植福田外，我们还应重视今生的努力，因为福报必须通过相应的形式才能得到体现。哪怕天上会掉下馅饼来，还需要我们伸手去捡，否则也是枉然。佛法所说的因缘，包括内因和外缘两个部分，内因需要外缘来成就。

在今天的社会，这就意味着相应的教育和职业训练。没有谋生技能，即使拥有福报，也像堆在仓库里的种子一样，不会发芽、开花，更遑论结果。如果我们受过专业教育，或有一门实用手艺，就业机会就会增加。在自力更生的同时，还能以一技之长为众生提供服务，为社会做出贡献。经云："若诸菩萨，求诸世间工巧明处，为少功力，多集珍财，为欲利益诸众生故。"工巧明为五明之一，包括一切正当的技术技能，能使我们更好地创造财富。在《华严经·十地品》中，佛陀对此作了详尽说明："所谓文字、算数、图书、印玺、地水火风，种种诸论，咸所通达；又善方药疗治诸病：癫狂、干消、鬼魅、蛊毒，悉能除断；文笔、赞咏、歌舞、伎乐、戏笑、谈说，悉善其事；国城、村邑、宫宅、园苑、泉流、陂池、草、树、花、药，凡所布列，咸得其宜；金、银、摩尼、珍珠、琉璃、螺贝、璧玉、珊瑚等藏，悉知其处，出以示人；日、月、星宿、鸟鸣、地震、夜梦吉凶、身相休咎，咸善观察，一无错谬；持戒、入禅、神通无量、四无色等，及余一切世间之事，但于众生不为损恼，为利益故，咸悉开示，渐令安住无上佛法。”

由此可见，专业技能不仅是生存的必要保障，也是菩萨利益众生的增上缘。俗话说：“三百六十行，行行出状元。”如果我们有福报并且努力的话，无论学习什么专业，从事什么工作，只要奉公守法，都有致富机会，都有成功希望。

4. 如法求财

前面说过，正命就是合理的谋生手段，也是修学佛法的八正道之一。将谋生方式作为修行内容，足见其对于人生的重要性。对于大多数人来说，一生中的黄金年龄几乎都是在工作中度过。如果不能很好地利用，将是最大的浪费；如果有意无意地造下恶业，就更是得不偿失。

什么才是正命的生活呢？作为公民，我们不能违背法律的规范；作为佛弟子，我们还不能违背戒律的准则。在家居士必须遵循的十种善行包括：不杀生、不偷盗、不邪淫、不妄语、不两舌、不恶口、不绮语、不贪、不嗔、不邪见。反之，则是必须避免的十不善行。在佛经中，还列举了十种非法谋财的现象。可叹的是，这些不法行为至今仍然存在，并继续危害着社会大众。

一、窃取他财：以抢劫、偷盗、诈骗等方式窃取他人财物，或将拾取的财物据为己有。

二、违法贪污：包括走私贩毒、倒买军火及收受贿赂、偷税漏税等。

三、抵赖债务：包括两种情况，一是欠债不还，以不正当手段抵赖自己的债务；二是侵吞他物，如故意倒闭或携款潜逃，从而侵吞他人财物。

四、吞没寄存：以欺骗性手段，非法占有他人寄放或委托管理的钱财。

五、欺罔共财：在共同合作中，以巧立名目、伪造账目等方式，将共同财产转移到自己名下。

六、因便侵占：利用职务之便挪用公款，损公肥私。

七、借势苟得：利用职权替人办事，从中捞取钱财。

八、经营非法：包括漫天要价、短斤少两等不正当经营手段。

九、诈骗投机：包括造假贩假、以次充好等非法经营方式。

十、赌博淫业：开设赌场或色情行业以牟取暴利。

由此获得的不义之财，不仅会玷污我们的人格，遭受世人的唾弃，更会受到法律的制裁。就像那对为黄金所害的父子一样，到付出惨重的代价时，已悔之晚矣。所以，我们一定要如法地追求财富。

如法求财包括开源和节流两个方面，正如佛陀告诉我们的：

积财从小起，如蜂集众花；
财宝日滋息，至终无损耗。
一食知止足，二修业勿怠；
三者当储积，以拟于空乏。
四耕田商贾，泽地而置牧；
五当起塔庙，六立僧房舍。
在家勤六业，善修勿失时；
如是修业者，则家无损减。

开源就是掌握各种谋生和致富手段，节流就是勤俭节约、量入为出。同时，我们还要勤修善业、培植福田。只要做到了这几点，财富就会日益增长。

合理支配财富

如果说赚钱体现了一个人的福报，那么，如何使用就反映了他的智慧。很多人可能觉得奇怪，花钱还需要智慧吗？这个世界已经给我们提供了太多的消费渠道，商店里琳琅满目的货架在热情地召唤我们，媒体上触目可及的广告又为我们提供了选择和参考。但我们要知道，改善物质生活并不是花钱的唯一途径，也不是使财富发挥更大效用的最佳方案。世界上有很多富有的人，但既富有又能为人敬重的却不多。原因是什么？主要就是取决于他们如何使用自己的财富。在对待财富的问题上，有几种比较典型的例子。

1. 不合理的使用方法

一类是大家比较熟悉的吝啬鬼，他们珍爱金钱超过生命。即使拥有再多，依然舍不得以财富去帮助他人，不但舍不得造福社会，也舍不得给家人使用，甚至舍不得给自己享用。这在很多文学作品中都有精彩描述，如巴尔扎克塑造的老葛朗台及《儒林外史》中的严监生，直到生死关头，念念不忘的依然是自己一生守护的钱财。对于这样的人来说，即使赚再多的钱，又有什么意义呢？他们只是财富忠实的保管者而已，当他们撒手西归之时，这些钱不能给他们带来任何一点利益。所以说，“身死留财，智者不为”。这种以积攒钱财、守护钱财为乐的方式是非常愚蠢的，当钱财不能发挥应有作用时，不过是些毫无意义的金属和纸片。

另一种极端，是挥霍无度的暴发户。改革开放后，一部分人先富了起来，尤其是沿海城市，很多人骤然暴富，却没有承受这份财富的健康心态，于是乎得意忘形，以一味挥霍来炫耀所谓的成功，沉溺于穷奢极欲的生活之中。他们将人生当作一场及时行乐的游戏，觉得财富只有自己吃掉、花掉才真正属于自己，只顾自己拼命享用，却不愿为他人付出分毫。这样的行为同样为社会所不齿，因为他们只是在无端地浪费财富，也是在无谓地消耗自己的福报。

还有一些人，虚荣心非常强，总是花钱做表面文章。即使没有一定的经济实力，也要添置高档用品，追逐时尚潮流，为此付出再多也在所不惜，这也是错误的生活观念。在他们的心目中，名牌就是身份的体现，高档就是价值的尺度。人的基本生存所需无多，我们需要饮食维持生命，可又能吃多少？我们需要衣服抵御寒冷，可又能穿多少？但我们为什么在衣食无忧之后还不能满足？因为很多需要已不再是为了生存，而是社会使我们产生的需要。我们吃饭，有时是为了吃给别人看，有时又是为了应酬而吃。穿衣也是同样，有时是为了炫耀，有时是为了工作交际而穿。所以，现代人的衣食住行，已经演变为用来攀比的道具。

还有一些人，急功近利到盲目的地步，不惜孤注一掷，将所有家产用来做风险投资。他们不仅希望财富来得多一点，再多一点，更希望财富来得快一点，再快一点。在这样一夜致富的渴望中，人们很容易丧失正确的判断能力，或是上当受骗，或是投资失策，最后落得倾家荡产的悲惨结局。

2. 合理分配财富

如果我们拥有财富而无理财之道，那么，十分财富或许只能发挥一分的作用，甚至使我们为其所害。如何合理支配我们的财富？佛陀也在经典中为我们做了具体指导。

财富应分作四份。第一份用以保障家庭的日用开支。第二份用以投资增值，否则财富就成为无源之水，无本之木。第三份用以储蓄，以备不时之需。第四份用以慈善事业，一方面回馈社会大众，另一方面为自己耕耘福田。其实这也是一种投资，是对于未来幸福的投资，而我们能从中收获的，绝不是有限的财富所能比拟的。

哲学家西塞罗曾经说过："追求财富的增长，不是为了满足一己的贪欲，而是为了要得到一种行善的工具。"只有将财富当作"行善的工具"去追求，才能使财富发挥出更大的作用。如果社会上的每个人都能做到"有力者疾以助人，有财者勉以分人"，那么，人间就会充满温暖，许多社会问题也会迎刃而解。

一味享用财富，福报总有耗尽的一天，财富就不再属于我们所有；一味积蓄财富，财富也未必能属于我们所有，因为货币会贬值，股票会下跌，银行会倒闭，即使将财产紧紧地锁在保险柜中，又能有几分保险系数？所以佛法认为，只有布施出去的钱财，才会真正属于我们所有。就像播下的种子，哪怕只有一粒之微，也会为我们带来百倍千倍，甚至千万倍的收获。

在人生旅途中，我们既是收获者，也是播种者。只有不断地播种和耕耘，才能使我们“恒怀欢悦，身意牢固，诸善功德皆悉具足”，也才能为当下人生和未来解脱积累足够的资粮。

从物质财富到精神财富

现代人追求财富，总是停留在物质财富的基础上，以为拥有物质财富就有了人生的一切。其实，物质财富只能满足人生基本所需，是生命的低级需求。如果一个人只会追求物质财富，那只能说明他的生命层次很低。一味停留于物质财富的追求，其生命层次永远无法提升。所以，当一个人的物质财富可以满足基本生存时，应该进而追求精神财富。

1. 何为精神财富

在人类的文明进程中，祖先为我们留下了丰富的文化遗产，其影响之深远非物质财富可以比拟。回顾历史，无论是古罗马的繁荣，还是盛唐时的富足，都不再能为今天的我们提供任何物质帮助；保留下来并至今影响着我们的，是古圣先贤的精神感召，是历代智者的思想传统，是源远流长的文化积淀。

佛陀的一生，身无长物，居无定所，却为我们留下了三藏十二部经典，为我们指明了趣向解脱的道路。在他的身后，一代又一代的追随者，都得益于佛陀留下的智慧，通过修学佛法获得了究竟安乐。除此而外，还有耶稣为我们留下的博爱精神，孔子为我们留下的仁义教育……无法想象，如果没有这一切，我们今天的文化会是怎样？我们今天的世界又会是怎样？

在自然界的所有生物中，唯有人类同时拥有精神和物质的双重世界。飞鸟走兽都懂得为觅食奔忙，如果人类也仅仅是为了生存而生存，那和动物又有什么区别？当基本生存解决之后，我们对生活的感受，更多是来自精神体验，它的平衡与否，正是决定人生幸福的关键所在。

我们的精神世界，主要由道德品质、文化素养和人生经验组成。一个拥有美德的圣贤，不论处于什么样的时代，都能洁身自好；一个洞明世事的智者，不论遭逢什么样的人生境遇，都能从容面对。所以说，只要拥有充实的内心世界，我们就有能力抵御外界的一切干扰。

2. 精神财富甚于物质财富

物质财富是外在的，虽然我们拥有房产、存折，拥有汽车、家电，但所谓的拥有，只是一份使用权或保管权而已。佛教说财富是水灾、火灾、盗匪、恶王、不肖子五家共有，或是天灾，或是人祸，都会将它们化为乌有。所以，这些身外之物是虚幻不实的，随时可能更换主人，而内在的精神财富才是真正可以依赖的无价之宝。

我们可能会失去财富，但不会失去智慧；我们可能会失去健康，但不会失去慈悲；我们可能会失去家庭，但不会失去爱心；我们可能会失去事业，但不会失去信仰。

如果智慧、慈悲、爱心和信仰也会失去的话，那只是由于我们不加珍惜而选择了放弃，选择了自甘堕落。我们叹息世风日下，叹息人心不古，事实上，这正是由于人们精神世界的贫乏所致。在今天，旧的价值观被推翻了，新的价值观却没有如期而至。在丢弃了“越穷越光荣”的口号之后，压抑已久的物欲几乎在一夜之间就被无休止地激发出来。随着社会商业化进程的加快，人们的贪欲空前地膨胀起来：对奢侈品的需要，对财富积累的需要，对权力和虚荣的需要……这些需要是如此迫切，使我们来不及按部就班地去实现。俗话说，“财迷心窍”，当我们眼中只剩下金钱的时候，不仅职业道德不见了，甚至伦理道德也不见了。

在金钱挂帅的旗帜下，很多人似乎已经忘却了精神需求。正是这种忘却，使我们的内心处于严重的失衡状态。为什么现代人对物质的需求如此迫切？对财富的积累如此贪婪？就是因为在我们的内心世界中，没有明确的目标在指引，没有崇高的理想在驱动，没有坚定的信仰在支撑，甚至没有道德的力量在约束。为了追求物质财富，我们不仅忽略了精神财富，甚至以丧失精神财富为代价。当我们的精神世界成为一片废墟之时，物质能否填补其间的空白？能否成为我们人生的无悔追求？

失去物质财富，只会使生活受到暂时影响；而一旦失去精神财富，不仅会影响到我们一生，更会殃及后代。不难想象，一个精神空虚的父母会给子女什么样的教育？一个见利忘义的长者会给后代什么样的影响？所以，精神文明建设并不是一句空洞的口号，而是到了刻不容缓的地步。因为我们的所作所为将直接影响到我们未来的人生，影响到我们的子孙后代，影响到人类的发展前景。

所以，我们要培养心灵深处的慈悲和爱心，培养生命内在的信仰与智慧。对于人生来说，这才是最重要的财富，才是永远可以从中受益的源泉。

3. 法财甚于世财

作为佛教徒来说，除了追求世俗财富而外，更要追求功德法财。什么是功德法财呢？那就是佛法。

在《华严经》中，佛陀告诉我们："诸供养中，法供养最，所谓如说修行供养、利益众生供养、摄受众生供养、勤修善根供养、不离菩提心供养。”不仅供养如此，在我们所熟悉的《金刚经》中，佛陀还处处以校量功德的方式，告诉我们法布施的利益：“若有人以满无量阿僧祇世界七宝持用布施，若有善男子善女人发菩提心者，持于此经乃至四句偈等，受持读诵，为人演说，其福胜彼。”所以说，无论是供养还是布施，功德法财都远比世间财富更为殊胜。

我们知道，世间的资产有固定资产和流动资产之分。事实上，所谓的固定资产也只具有相对的稳定性，房产会折旧，设备会损耗，它们的使用寿命都是有限的。如果说有什么可以称为人生的固定资产，那么只有功德法财才是当之无愧的。功德法财似乎是无形的，但它却不会随着我们的死亡而消失，不会随着生命形式的转换而失去价值。不仅如此，这善的种子还会不断为我们带来丰厚的馈赠。从这个角度来说，功德法财对于人生的意义远远超过了有形的钱财。

佛经中，处处强调功德法财较之世俗财富的重要性。因为佛法可以帮助我们解决人生困惑，树立正确的人生观念；可以帮助我们解脱人生烦恼，开发生命中的无尽宝藏，成就智慧，成就无量功德，其意义绝不是物质财富能够取代的。

结说

很多人都认为，财富是自由的保障，似乎有了钱就可以随心所欲地生活。事实上，占有越多就越不自由。因为欲望是被逐渐激发出来的，占有得越多，期待和牵挂也就越多。曾几何时，万元户就是富裕生活的标准。可多少万元户因此满足了呢？有了一万，就会想着十万，然后是百万、千万。往往是钱越多就感觉缺得越多，使生活不停地围绕这个轴心运转，从而忘却了人生的根本。

有个比喻说，假如把财富、事业、荣誉、地位都比作 0 的话，健康就是前面的那个 1 。否则，即使拥有再多，也还是等于 0 。但我们常常意识不到这一简单的道理，为了挣钱毫不顾及身体。结果“年轻时以健康换金钱，年老时以金钱买健康”。那么，健康是金钱可以买来的吗？金钱可以换来最新的药品，换来精细的护理，但并不能完全保障我们的健康。

从另一个角度来说，我们为获取财富使健康遭受的损失固然是金钱无法弥补的，但我们为谋取私利而使心理遭受的伤害就更难以愈合。欲望是无限的，财富却是有限的。我们为尽可能多地占有财富，不仅直接或间接地侵占了他人利益，也使自己滋长了重重烦恼。这些内在伤害或许不会在短时间内显现出来，但它的影响却不会随着时间流逝而消失。

所以，我们必须对财富有正确认识。也只有这样，我们才能懂得如法求财、合理使用；才能从容地驾驭它，而不是被它左右；才能成为财富真正的主人。

经营企业与经营人生

主持人：现在即将进行“企业与人生”论坛的对话部分。我们邀请到五位嘉宾参与这场活动：森马集团总裁周平凡先生，西蒙电气董事长朱建国先生，网易考拉物流总监杨海明先生，赛鹏紫玄航空发展有限公司总经理张梅女士，南阳国玉文化传播有限公司总经理杨磊先生。

随喜大家参加这样一场活动。经过上午济群法师开示《心经的人生智慧》，及刚才《企业与人生》的精彩讲座，我想在座各位会有很多感悟和收获。几位企业家代表中，有的和佛法结缘较早，有的对佛法有好感，或比较好奇，还在观望阶段。不管我们现在和佛法是什么样的关系，今天的分享和思考，都是帮助我们理解佛法的方便。

先请各位嘉宾分享一下，今天听完济群法师开示后的收获，或是在企业管理中有些什么样的思考，需要寻求什么样的智慧帮助。

数字化时代的冲击和改变

周平凡：尊敬的济群法师，各位朋友们，我来抛砖引玉。听了《企业与人生》这场讲座，我的感受比较深。因为我们来自传统行业，发现数字化时代到来后，对行业的冲击非常大。

其一，导向不再是由上而下的。可能在座各位也有这样的感受。我们以前看电影，是看一些专家的评论后再做出选择，但现在更多是看豆瓣评分和票房排行，再决定是否去看。这个导向是大众而非专家形成的。在传统的服装行业中，流行风向是来自欧美的大咨询公司，现在却转向网红主导，而且是很多网红，很多碎片化的信息。

其二，我们在业务运作中，正逐步落实去中心化。因为业务越来越多，对标国外企业，我们发现很多流程是自动化的。在这个过程中，就需要建立共同的规则。我们碰到的障碍是，各部门老总还是有中心的概念。包括我自己，也有很多经验性的思维习惯。但我确实看到，现在这种立足于数字化的决策，更高效，更客观。

我想请教师父，由去中心化和建立共同规则所导致的冲突，怎么才能更好地解决？

主持人：这是非常现代化的问题。传统企业遇到数字化时代，该怎样应对？

济群法师：传统企业往往以董事长或某位老总为中心，并以他的想法作为引导企业发展的标准和方向。这样的企业文化，基本等同于董事长文化。应该说，这种情况有利有弊。

就像过去的封建时代，如果遇到一位贤明君主，就能安国兴邦，所谓“明君出而大治”。但贤明的君主毕竟不多，如果把国运维系于一人手中，是很不可靠的。董事长文化也是同样，既可能得益于董事长的品行、能力，也可能受制于董事长自身的局限。

现在所说的去中心化，就意味着没有唯一的中心，同时也意味着，每个人都可能成为中心。那会不会变成一盘散沙呢？确实面临这样的隐患。所以当每个人都可能成为中心时，如何把大家的思想统一起来，形成共同的目标，是非常重要的。

作为企业来说，首先要思考：我们的企业有没有文化？真正统一人的思想，统一人的信念，统一人的价值观，靠的不是权力，而是文化。你接受的是什么文化？是中国传统的儒家文化、佛教文化，还是西方的基督教文化，或是现代的科技文化？不管用哪一种，都是以文化统一思想。这是不可或缺的沟通基础。

其次，去中心化必须建立平台的运营机制，这就需要制度化和模式化的支持。现在的互联网经营，走的是商业民主机制，但这种民主还是立足于法治的基础。所以，西方的国际化公司很讲究模式化、标准化的运营。尤其是今天这个时代，当我们不是以董事长或某个人来做经营决策时，靠什么决定企业的发展？就是通过大量的数据分析，决定我们做什么，不做什么。应该说，这比人的决策更客观。如果立足于个人经验，永远是有局限的，而借助一系列的相关数据，能更客观、更标准、更全面地反馈市场需求。

我觉得，重点就在于统一思想，建立有效的制度和模式，进而具备利他的服务精神。如果把这几点做好，对企业发展会很有帮助。

主持人：我觉得当法师真不容易，什么都得懂，大数据、大格局、大平台、大智慧，真是缺一不可。这样的答复，对现代董事长来说也是一门新课题。

用机制给个人松绑

朱建国：感谢师父，听了一天的讲座体会很深。我先介绍一下自己，我是西蒙电气的董事长。这是一家西班牙独资企业，主要做开关插座，到中国快 20 年了。在开关行业中，高档的主要有四家，西门子、施耐德、罗格朗和西蒙。我们这些年的发展还不错，凡叫得出名的房地产公司都和我们有合作，在全国有几百家专卖店和零售店。

我做了十多年总经理，现在做董事长和学佛有点关系。因为我太太学了四五年佛法，我正在逐步了解中，觉得蛮好，也想抽点时间来学，所以和董事会说想早点退休，他们不肯，就让我做董事长，比以前稍微空闲一点。

十年前，我上过一次“波士堂”（商业脱口秀电视节目）。主持人问了我一些问题，比如你是怎么管理企业的，你的口号是什么，还翻了我的笔记，上面写的是“不以善小而不为，不以恶小而为之”。这话很平常，但我就是这么管理公司的——踏踏实实地做事，认认真真地做人。

西蒙是外资企业，我们每季度都会和员工沟通，交流对公司的想法等。人员不是我们选定的，而是抽签出来的。在文化、亲民等方面，我们可能比一些国有企业做得好，所以这些年留住了一批很有能力的人，公司也发展迅速。

听了法师的讲座，我比较想和大家分享的一点是：财富需要积累，也要适可而止。虽然我们做企业总还是想赚钱，想比人家好，但要有限度。正如法师所说，欲望越大，你就越不满足，越不幸福，最后甚至会迷失方向。

今天我们来到这个静修营，有三百多位义工在服务。其实他们都不是闲人，也有很多事干，其中很多人以前也是企业家。他们一天忙忙碌碌下来，为钱吗？他们不为。他们很辛苦，但很开心，很幸福。我看到真正发自内心微笑的，正是这些义工。

我并不是说大家不要赚钱，但要知足。我太太以前是很要强的人，我在上海也买了别墅，但家里那位会想，现在买300平方米的，以后再买500平方米、1000平方米的。其实我们家就三个人，需要这么大吗？有时候，满足就是一种幸福。学点佛法，能更好地放正心态，也能在公司决策时平衡一些关系。这是我想分享给大家的。

我问师父的问题是：通过什么方式，既能学习佛法，又能平衡好和工作的关系？有时不仅是为我，也是为大家。你要是不在，这个企业接下来会怎样？觉得可能对不起大家。怎样在两者之间找到平衡？

主持人：在放与不放、出世与入世之间徘徊，不知该往哪条路走，请师父开示。

济群法师：如果把放和不放统一起来，把出世和入世统一起来，我想就不是问题了。在座的都是董事长或高管，在企业中有着至关重要的作用。如果一甩手，确实会对企业的各方面产生影响。怎么在做好工作的同时，又能进退自如，不为所缚？必须建立一套有效的机制。当这套机制运行起来，就能做到有我没我都可以。这样的话，我们既能和这个企业保持关系，又能拥有超然的自由。传统的管理方式偏向于人治，这就很难超然物外。如果建立一套模式化、标准化的机制，既能保障企业独立、健康地运行，又不对个人形成依赖，我们在做企业的过程中就会比较轻松。

当然，你怎么建立这套机制，靠什么方法来发挥大家的积极作用，就是另一个问题了。

主持人：我们的很多义工，正如这位董事长所说，幸福感已经掩盖不住了。师父一直教导我们，承担越多的义工越要认识到，你现在做是为了将来可以让团队做，帮助我们培养无我利他的精神。这是一种境界，我们都在路上，也欢迎您能加入。

可持续发展需要心力

杨海明：大家好，我来自网易考拉。我们这次来有个特殊目的，就是全身心地体验这些活动，还想在整个集团推广。为什么会有这个想法？我们是做跨境电商的，打拼三年，现在是行业第一，京东国际、天猫国际都在我们后面。取得成绩很不容易，但也给我们带来了困扰。就像长跑中，如果跑在第二第三的位置，好像很有目标，但突然第一了，幸福的烦恼就来了——接下来应该怎么办？

我们曾搞过戈壁的徒步、铁人三项、荒岛求生等身体上的拉练，但心怎么清净？这是一个问题。怎么将佛法智慧融合在企业文化中，让我们走得更久更稳一些？我来的时候在朋友圈说：我要去一个有着两千多年历史的连锁企业学习，而且是全球性的。

主持人：这是来自冠军的烦恼。行业第一来寻求如何与大家保持更和谐的关系，我们也请师父开示。

济群法师：取得一定成绩后，怎样可持续发展，是很多企业家关心的。也有不少人已经意识到文化的重要性，希望通过建设企业文化为后续发展提供动力。那么，怎样将佛法智慧融合在企业文化中？

你刚才说到戈壁徒步，现在很多企业家在参加类似项目，如“玄奘之路”等。因为这些活动，他们开始从室内走到室外，坚持锻炼，身体和生活方式都变得更健康。而在大漠荒野中，去感受天地的苍茫和博大，也让人开阔了心胸。

但现在的“玄奘之路”，更多是停留在地理上的路线，对其中的精神内涵倡导不足。主办方提出“理想、行动、坚持”的口号，但这个“理想”是实现自己的理想，而不是去认识玄奘的理想到底是什么，对今天的人有多大价值。

玄奘西行求法，不是为了锻炼身体，周游列国，而是为了追求真理，追求生命的终极意义和永恒价值。这个理想对人类是有普世意义的。所以说，“玄奘之路”其实是一条文化之路、心灵之路。通过对这种文化的学习，可以帮助我们解决生命的迷惑，造就高尚的人格。我觉得，在走完“玄奘之路”的地理路线后，应该开始走“玄奘心路”，这才是更重要的。

对于企业家来说，如何在做企业的过程中建立精神追求，然后立足于这种精神追求，更好地发展企业，是特别需要思考的问题。西方社会也有他们的价值观、精神追求和道德建设，有他们为人处世的方式，这些都源于他们的文化，源于他们的宗教背景。中国人在学习西方的过程中，只接受了其中科学、商业、企业等内容，这是不完整的。

所以，我们要把西方怎么做企业和东方怎么做人结合起来。这些年，很多人在倡导禅商、儒商，包括现在推崇的阳明心学等，都是希望通过学习优秀传统文化，重建我们的价值观和人生观。事实上，做事不是目的，而是实现精神追求的过程，不要把做事的结果当作一切。

当企业已经做到第一，好像没什么可比的时候，我们的目标是什么？生命的意义是什么？如果我们有精神追求，不管是第一还是倒数第一，其实都没关系——因为你知道那些都是梦幻泡影，都是人生的过程而已。

做到第一，可以成为修行的方式之一；做成倒数第一，同样是对人生的历练。那样的话，你收获的不仅是事业，更是一份精神财富，是一种生命成长，是一项终极价值，而且是永久的价值。如果我们的成功仅仅立足于眼前的事业，不论成功与否，其实都很无常。

杨海明：法师在讲座中说到现世利益和来世利益，对于企业来说，要照顾我的员工、客户和股东等各方利益。有时商场和战场一样，我怎么让不同的人考虑现世和来世的利益？怎么平衡彼此之间的关系？

济群法师：这就需要文化来统一，需要在企业中建立利他的文化。利他，并不意味着自己就没有利益了。当你真正把这种文化建立起来，可能会实现更大的利益，让企业得到更好的发展。就像稻盛和夫，可以创办两家世界五百强企业，并让濒临破产的日航扭亏为盈，就是因为具备利他的精神。

如何统一思想？靠我们个人是很难做到的。因为个人的想法未必有说服力，也很难照顾到方方面面，但如果我们依托某种文化背景，尤其像佛法的人生智慧，这种慈悲、利他的精神高度，及心性、因果等具有普世价值的理论，是可以把各方思想统一起来的。

一旦大家接受了同样的思想，彼此就容易协调了。当每个人都想着利他，并遵循相应道德时，就是共赢的基础。有了这种向上的力量，不仅可以让企业健康发展，也能让参与其中的每个人受益无穷。

菩萨低眉和金刚怒目都是慈悲

杨磊：这里有这么多师兄，坐到台上很紧张。刚才看到法师的微笑，我觉得紧张好了一半，然后听法师开示，感觉无上清凉，紧张基本消除了。我与佛有缘，从事的是水晶佛造像。我们在全国算是做得比较好的一家，总设计师是中国工艺美术大师仵应汶先生。少林寺送给普京总统的礼物，就是我们工作室的作品。

我们做手工艺，属于工作室的模式，但也是公司的结构。我负责经营管理，在做事过程中，就像做实业的企业家一样，会遇到各种问题。今天听法师开示，第三部分是关于“道德与利益”，我在这方面有很多困惑。

我们从事佛造像，一直遵循的原则是——雕刻佛像就像雕琢自己，通过雕刻佛像去修身修心。我们也会按佛教的一些做法为人处世，但接触的人和事多了之后，发现社会上有些人不按常理出牌。我们以恭敬心、慈悲心去做，但对方可能把你当成一门生意，对你施展各种技巧，让你感觉怎么能这样做事？而且觉得自己越慈悲，对方对自己的伤害就越大。

这次来是想通过法师的开示寻求力量。因为有时会有点想不通。比如小偷偷了你的东西，但五千块钱以下不予立案，你只能自己去找，就会感觉：他犯了错误，是不是应该得到惩罚？有些事，如果按我们的做法去做，别人会觉得你比较软弱。在这种情况下，能不能用非常规的方法教训他，警示他？但有时又感觉，这样做可能不太合适，我们也不敢去做，就觉得两难。我觉得，这是做实业的人常会遇到的困惑，很尴尬。

主持人：您是要请教济群法师道德与利益的问题吧？慈悲往往被人利用，这时候，我们作为有信仰的人该怎么办？

济群法师：我们学佛后，会形成自己做人做事的准则。即使没有学佛，只要接受了一些宗教信仰或儒家文化等道德教育，都会形成相应的准则，对社会大众有一份宽容，有一份慈悲。

当这份宽容和慈悲遇到不对等的待遇时，我们会觉得内心受到伤害。其实，这里有外界的因素，也有自身的因素。为什么这么说？因为这个世界不是按照你的设定和标准而存在的。

上午讲座中说到，我们要学会用缘起的眼光看世界。每个人，不管我们认为他是好人还是坏人，是小人还是君子，他的观念和做事方式，都代表着长期以来的生命累积。他今天成为这样的人，有自身的成长历程。从缘起的角度来说，不论什么现象，其存在都有合理性，只不过我们对这个合理性缺乏充分了解。

当然，合理并不意味着正确——这是两码事。也就是说，他会成为这样的人，做这样的事，都有自己的前因后果。如果我们跳出自己的设定，从缘起的智慧看问题，就更容易接纳世间的人和事。即使受到不公正待遇，同样会心生慈悲。有句话叫作“因为了解，所以慈悲”，你会看到，他没有健康的人格，虽然在某些事上对你构成了伤害，但对他自身来说，未来的麻烦和苦果是无穷无尽的。

菩萨的修行，就是要从自己的设定中跳出来，体会每个人的苦衷。当我们这样去做的时候，不论面对什么，都不会受到伤害。

那我们怎么来理解慈悲？慈悲是不是没有原则？是一味宽容忍让吗？是不可以惩罚别人吗？其实不是。慈悲是立足于我怎样才能更好地帮助他。首先，你有没有想着帮助他？只有你真诚地想帮助他，才属于慈悲心。

至于怎么帮助他，既可以和他不计较，让他自己去反省，也可以通过严厉的惩罚，让他从中受到教育。寺院有四大天王，也有弥勒菩萨坐在中间，笑呵呵的。因为菩萨的慈悲和对众生的教育并不止一种模式，有和风细雨，也有金刚怒目，雷霆手段。

所以说，不在于行为本身，而在于你是不是以慈悲心去做。比如你遇到乞丐，觉得他是专业乞丐，到底要不要布施？到底怎么做才是对他的慈悲？很多人纠结于这个问题。

事实上，如果你真正出于慈悲，觉得应该让他自立，这样对他未来有好处，那么你不布施就是慈悲。你如果觉得他通过这种方式生存，已经很可怜了，应该带着慈悲心去帮助他，那么布施也是对的。所以，不在于布施或不布施，主要在于你的心态。

对待别人的伤害也是同样。你有智慧的话，宽容或惩罚都是对的。但你没有智慧的话，宽容可能是纵容，惩罚可能是泄愤，都是不对的。

从利益共同体到命运共同体

周平凡：刚才对我们企业的介绍少了一点，我不是来做广告，是想由此引出问题。我们是传统企业，下面有森马、巴拉巴拉等十几个品牌，门店有八千个，自己的员工有八千人，还有五百多个工厂，几千个经销商。所以企业碰到的最突出的问题，就是人的问题。

我们最近准备并购一家法国企业，做儿童用品的，在法国排名第一，有两千多名法国员工。如何处理文化和价值观的差异，是我们面临的首要问题。

举个例子，我们以前曾并购一家韩国公司，其中有位资深员工，我常和他一起出差。每次我向他介绍中国美食，叫他吃他都吃，让我觉得他很能吃。出差五六次后，他托人和我说，其实他吃不下。如果是中国员工，吃不下就拒绝了，但韩国员工不敢拒绝，老板叫干什么就干什么。可见，文化带来的习惯有很大差异。

再比如我们有个迪拜的客户，他在当地开了家专卖店。有天下午到我办公室，约好谈一个小时就结束。但他对折率不满意，必须谈到他满意为止，否则就不走了。本来我觉得老外很守时，结果发现他在这点很像中国人。这又体现了人在某些问题上的共性。

面对这么多人，有统一的价值观，良好的企业文化，我觉得特别重要。同时，处理好供应商、经销商、员工等各种角色的利益分配也很关键。

今天的社会都在讲合伙人，而合伙人的成本正在发生变化。我们公司的主体在上海，现有两千多名员工。每年大概有两百名校招生，去年流失很严重，主要是西安的。我们以前觉得西北人比较淳朴，不爱动，为什么现在流失最多？发生了什么问题？我们做了调研，发现所有在上海的校招生，三五年内都要考虑一个重大问题——买房。如果他买不起房，就觉得在上海娶不到好老婆，将来孩子的教育也成问题，所以他得找能供他房子的单位，就会有一次再选择。大家都知道，在上海买一套房子太贵了。所以作为企业也要考虑，这个合伙人的成本不低。

这些利益分配的矛盾，包括价值观的冲突，都和人有很大关系。当你面对有各种诉求的员工，会觉得培养自身领导力很重要。

我以前也是这样想的，所以去了中欧等商学院，希望通过学习有所提升。

今天听了师父的开示，我最有感触的是，只有利他心是跨越国界的。不管韩国人、法国人、中国人，你真正有利他心，大家是容易沟通的。我也听过不少领导力的课，其中有共性，也有差异。后来才发现，最重要的领导力，是有一份慈悲心。现在的员工特别聪明，你和他耍手段，他很快就知道。如果你真心帮助他，自身又比较专业，就能逐步树起领导的威信。这是我一个比较朴素的感觉。

济群法师：如何平衡各种人之间的利益分配？从企业来说，要建立共同体的观念。首先是利益共同体，进而提升到命运共同体。把企业的问题变成大家的问题，把企业做的事变成大家要做的事。我想，这样的企业管理起来就会比较轻松，大家做起事来就会比较自觉。否则的话，人都有自私的特点，别人凭什么为你做事？

企业的老总们经常讲，我是在为这么多员工打拼；但员工们可能觉得，我们都在为老板打工，为老板赚钱。谁说的对，谁说的错呢？大家都对，大家都错。所以，我们要建立一个共同体，做好利益分配，制定共同规则。同时也尊重文化的差异，这样就可以在共同规则的前提下，充分发挥每个人的作用。这种机制特别重要，在很大程度上，决定了每个人能不能发挥作用，决定了我们的事业能做得多大。

过去人们做企业时，往往是立足于自身经验，通过经验做出判断，更关心怎样把一些事做起来。但在今天这个互联网思维的时代，价值观的建构，企业机制的革新，都是摆在我们面前的新课题。

随着科技的发达，技术的革新，给世界和人类生活带来了巨大改变。如果企业主还是局限于以往的经验，将越来越跟不上时代。这就必须有开放的胸怀，通过对优秀传统文化和现代先进管理经验的学习，不断更新并突破原有的认知系统。只有跟上世界的改变，才能立于不败之地。从另一个角度来说，只有找到跨越国界和时代的共性，才能以不变应万变。利他和慈悲，在任何时空中，都是化解矛盾、互利互惠、与人和谐相处的根本。